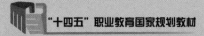 "十四五"职业教育国家规划教材

 "十三五"职业教育国家规划教材

 教育部　财政部职业院校教师素质提高计划职教师资培养资源开发项目
《机电技术教育》专业职教师资培养资源开发（VTNE016）

机器人技术与应用

主编　孙宏昌　邓三鹏　祁宇明

参编　许　琢　庄红超　李丽娜　蒋永翔　刘朝华

机 械 工 业 出 版 社

本书是"十四五"职业教育国家规划教材，以典型机器人的结构和应用为主线，系统介绍了典型工业机器人相关基础知识及应用。全书共 6 个项目，内容包括直角坐标码垛机器人、四自由度 SCARA 机器人、六自由度关节机器人、并联机器人、AGV 小车，柔性制造系统。全书基于工作过程，以项目驱动为导引，内容力求丰富，结构力求清晰，图文并茂、言简意赅、通俗易懂。通过本书的学习，可以使读者快速掌握常用工业机器人系统设计与调试方法。

本书可以作为高等职业院校机电一体化技术、智能机电技术、智能控制技术、工业机器人技术等专业教材，也可以作为普通高等院校学生用书或从事机械电子、机器人理论与实践研究人员以及工业机器人应用开发、调试、现场维护工程技术人员的参考书。

为便于教学，本书配有相关教学资源（PPT 课件与二维码），选择本书作为教材的教师可登录 www.cmpedu.com 网站，注册、免费下载。

图书在版编目（CIP）数据

机器人技术与应用/孙宏昌，邓三鹏，祁宇明主编. —北京：机械工业出版社，2017.7（2025.1 重印）

教育部　财政部职业院校教师素质提高计划职教师资培养资源开发项目《机电技术教育》专业职教师资培养资源开发（VTNE016）

ISBN 978-7-111-57343-2

Ⅰ.①机…　Ⅱ.①孙…　②邓…　③祁…　Ⅲ.①机器人技术-师资培训-教材　Ⅳ.①TP24

中国版本图书馆 CIP 数据核字（2017）第 162825 号

机械工业出版社（北京市百万庄大街 22 号　邮政编码 100037）
策划编辑：汪光灿　责任编辑：黎　艳　责任校对：樊钟英
封面设计：张　静　责任印制：任维东
河北鹏盛贤印刷有限公司印刷
2025 年 1 月第 1 版第 8 次印刷
184mm×260mm·9 印张·200 千字
标准书号：ISBN 978-7-111-57343-2
定价：30.00 元

电话服务　　　　　　　　　网络服务
客服电话：010-88361066　　机 工 官 网：www.cmpbook.com
　　　　　010-88379833　　机 工 官 博：weibo.com/cmp1952
　　　　　010-68326294　　金 书 网：www.golden-book.com
封底无防伪标均为盗版　机工教育服务网：www.cmpedu.com

关于"十四五"职业教育
国家规划教材的出版说明

为贯彻落实《中共中央关于认真学习宣传贯彻党的二十大精神的决定》《习近平新时代中国特色社会主义思想进课程教材指南》《职业院校教材管理办法》等文件精神，机械工业出版社与教材编写团队一道，认真执行思政内容进教材、进课堂、进头脑要求，尊重教育规律，遵循学科特点，对教材内容进行了更新，着力落实以下要求：

1. 提升教材铸魂育人功能，培育、践行社会主义核心价值观，教育引导学生树立共产主义远大理想和中国特色社会主义共同理想，坚定"四个自信"，厚植爱国主义情怀，把爱国情、强国志、报国行自觉融入建设社会主义现代化强国、实现中华民族伟大复兴的奋斗之中。同时，弘扬中华优秀传统文化，深入开展宪法法治教育。

2. 注重科学思维方法训练和科学伦理教育，培养学生探索未知、追求真理、勇攀科学高峰的责任感和使命感；强化学生工程伦理教育，培养学生精益求精的大国工匠精神，激发学生科技报国的家国情怀和使命担当。加快构建中国特色哲学社会科学学科体系、学术体系、话语体系。帮助学生了解相关专业和行业领域的国家战略、法律法规和相关政策，引导学生深入社会实践、关注现实问题，培育学生经世济民、诚信服务、德法兼修的职业素养。

3. 教育引导学生深刻理解并自觉实践各行业的职业精神、职业规范，增强职业责任感，培养遵纪守法、爱岗敬业、无私奉献、诚实守信、公道办事、开拓创新的职业品格和行为习惯。

在此基础上，及时更新教材知识内容，体现产业发展的新技术、新工艺、新规范、新标准。加强教材数字化建设，丰富配套资源，形成可听、可视、可练、可互动的融媒体教材。

教材建设需要各方的共同努力，也欢迎相关教材使用院校的师生及时反馈意见和建议，我们将认真组织力量进行研究，在后续重印及再版时吸纳改进，不断推动高质量教材出版。

机械工业出版社

序

《国家中长期教育改革和发展规划纲要（2010—2020年）》颁布实施以来，我国职业教育进入到加快构建现代职业教育体系、全面提高技能型人才培养质量的新阶段。加快发展现代职业教育，实现职业教育改革发展新跨越，对职业学校"双师型"教师队伍建设提出了更高的要求。为此，教育部明确提出，要以推动教师专业化为引领，以加强"双师型"教师队伍建设为重点，以创新制度和机制为动力，以完善培养培训体系为保障，以实施素质提高计划为抓手，统筹规划，突出重点，改革创新，狠抓落实，切实提升职业院校教师队伍整体素质和建设水平，加快建成一支师德高尚、素质优良、技艺精湛、结构合理、专兼结合的高素质专业化的"双师型"教师队伍，为建设具有中国特色、世界水平的现代职业教育体系提供强有力的师资保障。

目前，我国共有60余所高校正在开展职教师资培养，但由于教师培养标准的缺失和培养课程资源的匮乏，制约了"双师型"教师培养质量的提高。为完善教师培养标准和课程体系，教育部、财政部在"职业院校教师素质提高计划"框架内专门设置了职教师资培养资源开发项目，中央财政划拨1.5亿元，系统开发用于本科专业职教师资培养标准、培养方案、核心课程和特色教材等系列资源。其中，包括88个专业项目，12个资格考试制度开发等公共项目。该项目由42家开设职业技术师范专业的高等学校牵头，组织近千家科研院所、职业学校、行业企业共同研发，一大批专家学者、优秀校长、一线教师、企业工程技术人员参与其中。

经过三年的努力，培养资源开发项目取得了丰硕成果。一是开发了中等职业学校88个专业（类）职教师资本科培养资源项目，内容包括专业教师标准、专业教师培养标准、评价方案，以及一系列专业课程大纲、主干课程教材及数字化资源；二是取得了6项公共基础研究成果，内容包括职教师资培养模式、国际职教师资培养、教育理论课程、质量保障体系、教学资源中心建设和学习平台开发等；三是完成了18个专业大类职教师资资格标准及认证考试标准开发。上述成果，共计800多本正式出版物。总体来说，培养资源开发项目实现了高效益：形成了一大批资源，填补了相关标准和资源的空白；凝聚了一支研发队伍，强化了教师培养的"校—企—校"协同;引领了一批高校的教学改革,带动了"双师型"教师的专业化培养。职教师资培养资源开发项目是支撑专业化培养的一项系统化、基础性工程,是加强职教教师培养培训一体化建设的关键环节,也是对职教师资培养培训基地教师专业化培养实践、教师教育研究能力的系统检阅。

自 2013 年项目立项开题以来,各项目承担单位、项目负责人及全体开发人员做了大量深入细致的工作,结合职教教师培养实践,研发出很多填补空白、体现科学性和前瞻性的成果,有力推进了"双师型"教师专门化培养向更深层次发展。同时,专家指导委员会的各位专家以及项目管理办公室的各位同志,克服了许多困难,按照两部对项目开发工作的总体要求,为实施项目管理、研发、检查等投入了大量时间和心血,也为各个项目提供了专业的咨询和指导,有力地保障了项目实施和成果质量。在此,一并表示衷心的感谢。

编写委员会

2016 年 10 月

前　言

　　党的二十大报告中指出"实施科教兴国战略，强化现代化建设人才支撑"，将"大国工匠"和"高技能人才"纳入国家战略人才行列，为职业教育的进一步发展指明了方向。为深入贯彻二十大精神，推动育人方式、办学模式、管理体制的改革，编者通过对职业院校和企业的广泛调研，针对机电技术教育专业培养职教师资的社会需求，努力构建既能体现机电一体化技术理论与技能，又能充分体现师范技能与教师素质培养要求的培养标准与培养方案，构建一种紧密结合本专业人才培养需要的一体化课程体系，即基于 CDIO 开发核心课程与相应特色教材。

　　本书是以职业能力培养为核心，融合生产实际中的工作任务，基于工作过程、项目驱动进行开发编写的。本书打破了课程的学科体系，打破了理论教学和实践教学的界限，以综合性工业机器人任务为载体，把相关知识点嵌入到每个项目的每个任务中，通过各项目及其渐进的工作任务来讲述工业机器人技术和应用，工作任务需要什么就讲什么、就练习什么，突出了专业实践能力和专业实践问题解决能力的培养。

　　本书分为 6 个项目，基于工作过程，以项目驱动方式作为本书的编写主线，从不同的工业机器人应用出发，以典型的机器人设计及开发过程为主线，介绍了 6 种不同类型的现场型工业机器人的具体设计及应用场景。项目 1 主要是从最简单的工业机器人出发，结合所涉及的电气控制及相关元器件的使用方法，并根据所设计的直角坐标系机器人的结构特点设置了搬运码垛的具体应用场景，并予以实施。项目 2 主要从四自由度 SCARA 机器人的工业应用为目的出发，介绍了此类机器人的软硬件结构及特点，从项目开始，即将机器人运动学引入到教材中，针对本科生所学习过的机器人学课程进行理论知识的强化与计算，将 SCARA 机器人的轨迹规划作为主要的应用对象，使读者能切身体会到机器人理论对机器人应用的具体指导作用。项目 3 本着熟悉与掌握开放式运动控制理论的角度出发，把六自由度机器人的硬件与运动算法作为机器人示教运行的两个基本任务，通过前两个任务的完成进而完成第 3 个任务，再通过第 3 个任务的完成反过来验证前两个任务的正确性，最后从工业实际的角度出发，介绍了此类机器人在工程应用中的具体注意事项，达到理论与实际相结合、实验与工程相结合的目的。项目 4 主要介绍了一种新型的并联机器人，从并联机器人的硬件设计及软件编程两个方面进行任务化驱动，最终以并联机器人的加工作为检验并联机器人软件硬件设计的依据，通过对典型零件的加工，进一步扩展了工业机器人的应用范围，有助于读者将工业机器人技术与其他工业控制技术相融合，做到举一反三。项目 5 介绍了机器人系统中应用广泛的一种 AGV 小车，以项目驱动的形式介绍了 AGV 小车的机械结构及电气控制系统的设计过程。本项目的任务驱动主要从 AGV 本身固有的开发特点出发，以典型的机器人一体化技术组成作为整个项目的扩展主线，将机械结构设计、运动学计算及路径与轨迹规划相结合，进而通过一个项目向读者展示了 AGV 机器人的设计原理与工程实现过程。项目 6 为综合项目，结合了机器人、视频软件、AGV、传送带等装备，展现给读者的是一个综合实例，并将其中的内容以项目驱动的形式进行了分割，既保证了技术的完整性又不失为一个可以作为全书内容展示的总结性项目。

本书是由教育部财政部职业院校教师素质提高计划职教师资培养资源开发项目（项目编号：VTNE016）资助的《机电技术教育》专业核心课程教材开发成果。本书由天津职业技术师范大学孙宏昌、邓三鹏、祁宇明主编，许琢、庄红超、李丽娜、蒋永翔、刘朝华参编，另外天津职业技术师范大学机器人与智能装备研究所的研究生井平安、岳刚、程二亭，本科生孔祥波也参与了本书的编写以及视频录制工作，在此一并表示感谢。

本书在编写过程中得到了天津职业技术师范大学机电工程系、机器人及智能装备研究所和天津博诺智创机器人技术有限公司的大力支持和帮助，在此深表谢意。

由于编者学术水平所限，改革探索经验不足，书中难免存在不妥之处，恳请专家和读者不吝赐教，多加批评、指正。

编　者

目 录

出版说明
前言

项目 1　直角坐标码垛机器人

任务 1　直角坐标码垛机器人系统认知

1.1　任务概述

在工业生产过程中，码垛机器人是一类适用于执行大批量工件、包装件的获取、搬运、码垛、拆垛等任务的工业机器人，它是集机械、电子、信息、智能技术、计算机科学等学科于一体的高新机电产品。码垛机器人在解决劳动力不足、提高劳动生产率、降低生产成本与工人劳动强度、改善生产环境等方面具有很大潜力。日本和瑞典是最早将工业机器人技术用于物体的码放和搬运的国家。20 世纪 70 年代末，日本先将机器人技术用于码垛作业。我国工业机器人的研究和应用始于 20 世纪 70 年代，80 年代以后工业机器人技术得到了快速发展，同时也带动了码垛机器人技术的发展与应用。

现今码垛机器人主要分两大类，直角坐标码垛机器人和关节型码垛机器人，这两类机器人均适合用于诸多工业领域的机械自动化作业，如自动装配、喷漆、搬运码垛、焊接等工作。直角坐标型与关节型码垛机器人各有自身特点，根据不同使用环境选择合适的码垛机器人，不仅可以保证顺利完成既定任务，同时还可以达到降低使用成本的目的。本项目基于天津博诺智能机器人技术有限公司研发的 BNRT-CACS3 型直角坐标码垛机器人为例，在直角坐标型与关节型码垛机器人对比分析的基础上，简析直角坐标码垛机器人一般的系统组成，让即将或已经走上职教岗位的老师以及部分研究学者能够真正地了解、使用直角坐标码垛机器人。

1.2　任务目标

1. 了解直角坐标型与关节型码垛机器人各自特点。
2. 掌握直角坐标码垛机器人系统结构组成及使用方法。

1.3　任务引入

随着科学技术的不断发展，机器人的定义在不断地完善，直角坐标机器人作为机器人的一种类型，因末端治具的不同，其可以非常方便地用作各种自动化设备，完成如焊接、搬运、上下料、喷涂等一系列工作。为使学生、教师、研究人员等能够对直角坐标码垛机器人特点有充分的了解，下面进行直角坐标码垛机器人与关节型码垛机器人的对比分析，并详细介绍 BNRT-CACS3 型直角坐标码垛机器人系统结构组成。

1.4　任务实施

1.4.1　直角坐标码垛机器人简述

直角坐标机器人是指基于空间 XYZ 直角坐标系编程、有三轴及以上自由度，能够实现自动控制、可重复编程反复应用，适合不同任务的自动化设备，完成如焊接、搬运、上下料、包装、码垛、拆垛、点胶、分类、装配、贴标、喷码、打码、喷涂等一系列工作，特别适用于多品种、批量的作业，对于提高产品质量，提高劳动生产率，改善劳动条件和产品的快速更新换代有着十分重要的作用。

基于直角坐标机器人的用途、结构和自由度，其类型大致可划分为：

（1）按用途划分　分为焊接机器人、码垛机器人、点胶机器人、检测机器人、分类机器人、装配机器人等。

（2）按结构形式划分　分为壁挂（悬臂）机器人、龙门机器人、倒挂机器人等。

（3）按自由度划分　分为单轴机器人、双轴机器人、三轴机器人、四轴机器人。

针对直角坐标机器人的特点进行归纳，其特点一般包括以下几点：

1）多自由度运动，每个运动自由度之间的空间夹角为直角。

2）自动控制，可重复编程，所有的运动均按程序运行。

3）一般由控制系统、驱动系统、电动滑台、夹治具等组成。

4）任意组合成各种样式，形成两轴到六轴不同结构形式。

5）超大行程，单根最大长度是 6m，也可以多根方便地连成超大行程，例如 50m。

6）负载能力强，通常达到 200kg，当采用多根多滑块结构时其负载能力可增加到数吨。

7）高动态特性。轻负载时其最高运行速度为 8m/s，加速度为 $5m/s^2$。

8）高精度。重复定位精度可达到 0.01~0.05mm。

9）扩展能力强，可以方便改变结构或通过编程来适应新的应用。

10）简单经济，编程简单，类同数控铣床，易于培训员工和维修，使其具有非常好的经济性。

11）寿命长，可用于恶劣的环境，及长期工作，直角坐标机器人的寿命一般是 10 年以上，维护好的话可达 40 年。

12）应用范围广，可以方便地装配多种形式和尺寸的手爪，可以胜任许多常见的工作，如焊接、切割、搬运、上下料、包装、码垛、检测、探伤、分类、装配、贴标、喷码、打码和喷涂等任务。

直角坐标机器人的直线定位单元（系统）之所以能够实现精确的运动定位，是由电动机驱动系统决定的。常用的驱动系统有：交流/直流伺服电动机驱动系统、步进电动机驱动系统和直线伺服驱动系统。每一个驱动系统都由电动机和驱动器两部分组成。驱动器的作用是将弱电信号放大，将其加载在驱动电动机的强电上以驱动电动机。电动机则是将电信号转化成精确的速度及角位移。

为实现机器人灵活多变的运动功能、迅速的反应处理功能，直角坐标机器人必须要有配套的控制器。控制器是直角坐标机器人的灵魂，它可以根据编好的程序时刻发出控制指令、时刻接收反馈信号、时刻判断处理信息。根据功能的不同，控制器可以有很多种：工控机与运动控制卡的组合，运动控制卡，PLC。

直角坐标机器人终端设备的用途不同，可以装配各种各样的夹治具，如焊接机器人的治具是焊枪，码垛机器人的治具是抓手，涂胶（点胶）机器人的治具是胶枪。对于非固定轨迹运动物体的抓取除需要机械抓手外，还需要一个 CCD，时刻跟踪计算物体的空间位置。

1.4.2　关节型码垛机器人简述

工业关节机器人也称工业关节手臂机器人或工业关节机械手臂，有很高的灵活度，通常为五轴、六轴，适合于近乎任何轨迹或角度的工业工作。

工业关节机器人的特点一般可归纳为：

1）有很高的自由度和灵活性，从不同角度、不同方位来工作。

2）速度可达 6m/s，加速度为 $10m/s^2$；工作效率高。

3）经常在网络或电视里看到，较为世人所熟悉和接受。

4）六轴机器人主要应用于汽车点焊、弧焊、装配（拧螺母）、检测类这些轻巧类工作。

1.4.3　码垛机器人两大类型特点及应用比较

基于工作空间与承载能力、工作精度、组合方式、机械安装及维护、软件编程操控和维护、前期投入成本，针对工业直角坐标机器人与关节机器人的特点与应用进行对比分析，对比分析结果如下：

1. 工作空间与承载能力方面

1）直角坐标型标准单根长度 6m，拼装后可达到 100m；组合成龙门式机器人，其工作空间可以是三维立体空间，单根承载 10～200kg，特殊结构可达 2400kg。

2）关节型最大工作半径 3m，在有效半径内可以任何角度工作。关节机器人工作半径所在的圆周内要做安全隔离，所以通常占用更大的空间，不适合大距离空间工作，或放置到直线运动单元上。承载能力有几种规格（5～20kg）可选，最大可达 1300kg，这时极其昂贵。

常见的关节型机器人的工作半径越大、强度也要大，若承载能力越强，为保证其稳定的机械结构，造价会非常高。直角坐标型的龙门框架结构承载能力强，可无限扩展，稳定可靠，造价相对低很多。

2. 工作精度方面

1）直角坐标型机器人　由于结构简单，重复定位精度为 0.05mm，丝杠型机器人重复定位精度可达 0.01mm，甚至更高。

2）关节型机器人　重复定位精度为 0.06mm，轻载荷、小半径可达 0.02mm，重载荷为 0.2mm。

在通常情况下，两种机器人均可满足精度要求。其中丝杠型直角坐标机器人更适合对精度要求更加严格的行业。

3. 组合方式方面

1）直角坐标型机器人组合方式多样，有龙门式、悬臂式、壁挂式等，可根据不同的负载、行程、功能及特殊空间要求，为客户订制所需求产品。同时，X、Y、Z 三轴基础上可以扩展旋转轴和翻转轴，构成五自由度和六自由度机器人。

2）关节型机器人可细分为六自由度机器人、SCARA 机器人、四连杆机器人，其种类相对较少，可选择性和灵活性较直角坐标型机器人小很多。

4. 机械安装及维护方面

1）直角坐标型机器人为模块化产品，在工厂全部预连接运行，然后拆装出厂。现场通过螺栓简单拼装，调水平即可电气调试，用户甚至可以自行完成机械安装。龙门式框架为整个安装空间，其工作空间也在框架范围内。对于模块化产品用户可以自行拆卸、更换或维护，所有机械零件均为通用品，维修维护费用低。

2）关节型机器人集成化程度高，整体性好，但需要专业人员进行机械安装，安装空间较直角坐标型机器人小，其工作空间是其整个工作半径，工作区域需要做防护处理，故设备总占地面积不小于直角坐标型机器人。由于机械化程度高及控制非常复杂，维修和维护必须由厂家或供应商的专业人员完成（国外进口品牌的维护费用在 300 元/h 左右），用户往往面临两个问题：高价维修或报废处理。

5. 软件编程操控和维护方面

1）从电气系统到上位机直角坐标型机器人都是开放、灵活的，适用于任何品牌的 PLC、CNC、伺服驱动系统，甚至可以按用户熟悉品牌选定。编程简单，用户可以随意扩展，操控简单易行。完全的交钥匙工程，对简单程序问题和硬件故障客户可以自行处理，例如更换驱动电动机、PLC 等，维护费用低。

2）关节型机器人：软件系统集成化，库函数直接调用是其软件优点。但编程和操控必须由供应商通过专业培训才能完成，而且特殊软件需要收费。维护和维修完全受制于人，由于品牌互相不兼容，硬件故障必须由供应商或厂家直接提供，非市场通用产品，费用高昂。

6. 前期投入成本方面

不考虑后期维护维修费用，以 60kg 负载码垛机器人为例，工业直角坐标机器人投入成本为 25 万~40 万元，工业关节机器人投入成本为 60 万~80 万元。

1.4.4 BNRT-CACS3 型直角坐标码垛机器人系统组成

基于天津博诺智创机器人技术有限公司研发的 BNRT-CACS3 型直角坐标码垛机器人，简析直角坐标码垛机器人的一般的系统结构组成及其使用方法。考虑叙述的方便性，把 BN-RT-CACS3 型直角坐标码垛机器人简称为 BNRT-CACS3。

BNRT-CACS3 型直角坐标码垛机器人系统安装有井式供料单元、带传送单元、链条传送单元、传送定位检测单元、YAMAHA 机械手搬运与仓储单元六大单元，并配有电源模块、按钮模块、PLC 模块、变频器及交流电动机模块、各种工业传感器检测模块。该系统涵盖了气动技术、传感器检测技术、交流电动机驱动技术、步进电动机驱动技术、伺服电动机驱动技术、变频调速技术、PLC 技术、故障检测技术、机械结构与系统安装调试技术、运动控制技术等，能够清晰地反映工厂生产线中的供料环节、仓储环节、搬运环节等部分，可实现工厂线的拆装和调试等实践技能训练。BNRT-CACS3 型直角坐标码垛机器人安置在实训装置型材桌体上面，机器人系统组成如图 1-1 所示。

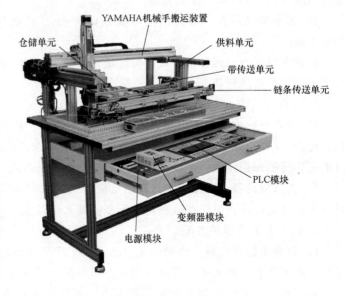

图 1-1 BNRT-CACS3 型直角坐标码垛机器人系统组成

1.4.5　BNRT-CACS3 型直角坐标码垛机器人部件功能与使用

1. 电源模块

BNRT-CACS3 型直角坐标码垛机器人的电源模块配有断路器、保险管座、系统电源指示灯等，可以提供多组直流 24V、交流 220V 与交流 380V 电压，通过电池模块下方的过线座进行伺服系统的供电。电源模块操作面板如图 1-2 所示。

BNRT-CACS3 型直角坐标码垛机器人系统的电源进线必须遵循下述原则：即棕色线对应接线 U；蓝色线对应接线 V；白色线对应接线 W，黑色线对应接线 N；半色线对应接线 PE（说明：可靠接地）。

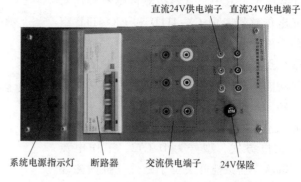

图 1-2　BNRT-CACS3 型直角坐标码垛机器人的电源模块操作面板

在使用电源模块时，必须严格按照系统电源进线说明进行电路的连接。当闭合断路器时，机器人系统得到供电，供电后，需要运用万用表测量交流电源电压与直流电源电压是否正确，确认无误后方可使用。

2. 变频器

模块采用松下 VFO 变频器，三相 400V 级，电动机输出 0.75kW，其输入侧 L1、L2、L3 和 PE 采用四号接插线，输出侧 U、V、W 和 PE 采用四号接插线。变频器输入的 L1、L2、L3 和 PE 对应电源单元的 U、V、W 和 PE，变频器输出的 U、V、W 和 PE 对应三相交流电动机的 U、V、W 和 PE。变频器模块组成如图 1-3 所示。

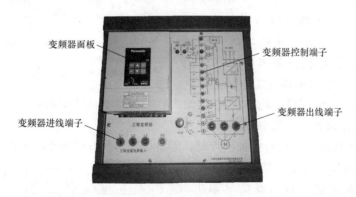

图 1-3　BNRT-CACS3 型直角坐标码垛机器人的变频器模块组成

变频器在使用时，必须注意以下几点：

1）变频器在使用时，3 号端子与 0V（GND）连接，实现 PLC 控制变频器。

2）为避免变频器启动时产生大量电感而伤人，变频器需要接地。

3）变频器输出线路要与其他控制线路分开，这是由于变频器输出侧会对 PLC 控制线路产生严重干扰。

3. 井式供料单元

该单元由井式供料塔、货料检测传感器、料块推块、推料气缸限位传感器、推料气缸、推料气缸原点传感器、底座、电磁阀等组成，如图1-4所示。其中，货料检测传感器采用对射型光电传感器，由 CX-411D 和 CX-411P 组成；两个磁性开关分别用于检测推料气缸的原点和限位点。该单元能实现工件出库时的调度管理等功能。井式供料单元所用的工料材质为工程塑料，直径为 38mm，高为 20mm。

井式供料单元中的两个磁性开关采用 DC24V 供电方式，型号为 D-C73，工作电流为 5~40mA。当磁性开关位于磁性气缸内磁环正上方时，磁性开关指示 LED 亮，有信号输出；当磁性开关不能正确限位时，可通过移动磁性开关的位置，使其正常工作；但是不可以把磁性开关直接接至 24V 电源，这样会烧毁磁性开关。

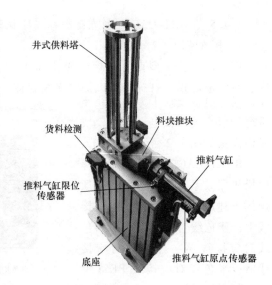

图 1-4 BNRT-CACS3 型直角坐标
码垛机器人的井式供料单元

光电传感器 CX-411 的最大输出电流为 100mA，检测的有效距离为 10m，电源电压为 DC12~24V，重复精度小于 0.5mm，反应时间为 1ms 以下，输出类型为 NPN 型。CX-411 的接线如图 1-5 所示。

在进行 CX-411 调整时，可以通过指示灯的状态，来判断是否调整成功。CX-411 有两个调整旋钮，一个用来调节检测距离，顺时针方向旋转检测距离变大（即向 MAX 一侧转动），逆时针方向旋转检测距离变小（即向 MIN 一侧转动）；一个用来调整工作状态，在 L 侧时检测到物体，传感器有输出，在 D 侧时检测不到物体有输出，其旋钮与指示灯各状态含义如图 1-6 所示。在运行系统例程时，需将工作转换开关调整到 L 侧，然后将工件放进井式供料塔，调节灵敏度调节器（调节检测距离），使其在放进工件后有信号输出（红色指示灯亮），取走工件后无输出（红色指示灯灭）。

4. 带传送单元

该单元由带传送模块、原点检测模块、旋转编码器、单相永磁低速同步电动机、带传送装置等组成。其中，带传送

●NPN输出型

图 1-5 井式供料单元中 CX-411 的接线

注1：透过型传感器的投光器上没有装备。
注2：透过型传感器的投光器上是电源显示灯（绿色：接通电源时灯亮）

图 1-6 光电传感器 CX-411 的指示灯与调节旋钮

模块通过同步轮和单相永磁低速同步电动机的轴连接在一块；YF-3022 控制单相电动机运行；旋转编码器检测工件所在传送带上的位置坐标及电动机运行速度。带传送装置主要实现传送和定位工件坐标的功能。

旋转编码器为小型增量型旋转编码器，型号为 E62A，分辨率为 100P/R，电源电压为 DC12 ~ 24V ($^{+15\%}_{-10\%}$) 脉动，开路集电极输出，最高转速为 5000r/min，惯性转矩为 10.7kg · m²。旋转编码器接线如图 1-7 所示。

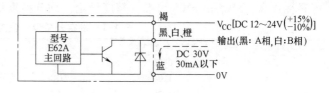

图 1-7　旋转编码器接线

在使用旋转编码器时，注意 A、B 相的区分，在编程时，如果改变了 A、B 相的接线，PLC 正交计数的方向就会有变化。同时可以根据旋转编码器的每圈所发脉冲数，结合同步轮的周长，计算出每个脉冲所对应的距离；同理，也可计算出一定距离所对应的脉冲数。此旋转编码器为增量式旋转编码器。

带传送模块的拖动部分采用单相永磁低速同步电动机，单相永磁低速同步电动机型号为 55TDY060，其功率为 16W，额度转矩为 300MN · m。单相永磁低速同步电动机采用 YF-3022 模块驱动，YF-3022 智能驱动模块具有保护电路，能防止单相电动机的短路、堵转等，有效地保护了单相永磁低速同步电动机和设备，并延长了单相永磁低速同步电动机和设备的使用寿命。在 YF-3022 智能驱动模块端子中，A1 用于控制电动机正转，A2 用于控制电动机反转，B1 用于控制电动机正转，B2 用于控制电动机反转，+COM 表示控制信号公共点，L′表示电动机线圈的公共点，L 表示外部供电电源相线，N′表示电动机主线圈，N 表示外部供电电源零线，C 表示电动机副线圈。

5. 机械手搬运单元

该模块由 YAMAHA 纵轴伺服控制（X 轴）模块、YAMAHA 横轴伺服控制（Y 轴）模块、步进电动机控制（Z 轴）模块、步进电动机原点限位检测模块、液压缓冲装置、气动平行夹手夹放工件装置等组成，该模块主要实现工件的取、放、搬运、同步跟踪的功能。

机械手搬运单元中的 Z 轴丝杠由步进电动机拖动。步进电动机驱动器的设定主要针对 SW1 至 SW8 进行设置。典型接线图如图 1-8 所示。其中，SW1 至 SW3 为工作电流设定，根

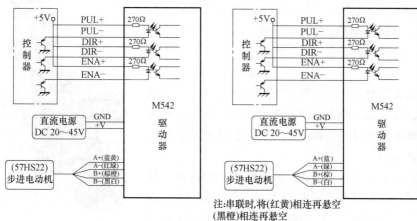

图 1-8　步进电动机驱动器典型接线图

据步进电动机的实际额定参数设定，设定开关设定值对照表见表 1-1。SW4 为停止电流设定，当 SW4=OFF，表示停止电流设定为工作电流的一半左右（实际为 60%）；ON 表示停止电流与工作电流相同。一般用途时把 SW4 设定为 OFF，这样使得电动机和驱动器发热减小，可靠性提高。SW5 至 SW8 为细分精度设定。细分精度设定对照表见表 1-2。

表 1-1　设定开关设定值对照表

峰值/A	平均值/A	SW1	SW2	SW3
1.00	0.71	ON	ON	ON
1.46	1.04	OFF	ON	ON
1.91	1.36	ON	OFF	ON
2.37	1.69	OFF	OFF	ON
2.84	2.03	ON	ON	OFF
3.31	2.36	OFF	ON	OFF
3.76	2.69	ON	OFF	OFF
4.20	3.00	OFF	OFF	OFF

表 1-2　SW5 至 SW8 的细分精度设定对照表

细分倍数	步数/圈	SW5	SW6	SW7	SW8
2	400	OFF	ON	ON	ON
4	800	ON	OFF	ON	ON
8	1600	OFF	OFF	ON	ON
16	3200	ON	ON	OFF	ON
32	6400	OFF	ON	OFF	ON
64	12800	ON	OFF	OFF	ON
128	25600	OFF	OFF	OFF	ON
5	1000	ON	ON	ON	OFF
10	2000	OFF	ON	ON	OFF
20	4000	ON	OFF	ON	OFF
25	5000	OFF	OFF	ON	OFF
40	8000	ON	ON	OFF	OFF
50	10000	OFF	ON	OFF	OFF
100	20000	ON	OFF	OFF	OFF
150	25000	OFF	OFF	OFF	OFF

在步进电动机及驱动器使用时，将 Z 轴步进电动机驱动器细分调整为 4，电流调整为 1.0A。当步进电动机的脉冲频率高于其空载起动频率时，电动机不能正常起动，可能发生丢步或堵转现象。在有负载的情况下，起动频率应当更低。

步进电动机控制（Z 轴）模块上面安装有 3 个对射式光电传感器，分别用于原点检测及限位保护，使用此种传感器能更好地实现绝对定位和限位保护。步进电动机控制模块如图 1-9 所示。

机械手搬运单元中的 X 轴和 Y 轴丝杠是由伺服电动机拖动实现的。在伺服电动机的设定中，需要把 FA11 设置为 "-P-S"，FA13 设置为 "600"。伺服驱动器面板说明和使用参数说明分别如图 1-10 和图 1-11 所示。

上限位传感器
原点传感器
下限位传感器

图 1-9　步进电动机控制模块

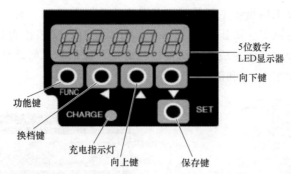

按键	说明
数字 LED 显示器	显示监视器值或设置值
充电指示灯	电容器电压超过 30V 时亮起
功能键	进入监视模式或参数设置模式
换档键	将指示数字或设置数字移动到左边 按此键时在最左边的数字将到达选定的位置
向上/下键	更改监视器编号、设置参数号或参数设置
保存键	保存参数设置

图 1-10　伺服驱动器面板说明

参数号	参数名	设定范围	说　　明
FA-11	脉冲串输入方式	F-r P-s A-b r-F -P-S b-A （F-r）	使用此参数可以从以下 6 种模式选择脉冲位置指令信号模式 设置值／脉冲位置指令信号模式 F-r：PLS：给出了脉冲串正向运动量；SLG：给出了脉冲串反向运动量 P-s：PLS：给出了脉冲串中的运动量；SLG：设置为 OFF 时向前移动，设置为 ON 时向后移动 A-b：PLS：输入阶段 B 两相信号的相位差；SLG：输入阶段 B 两相信号的相位差 r-F：PLS：给出了脉冲串反向运动量；SLG：给出了脉冲串前进方向的运动量 -P-S：PLS：给出了脉冲串中的运动量；SLG：设置为 OFF 时向后移动，设置为 ON 时向前移动 b-A：PLS：输入具有 B 两相信号的相位差；SLG：输入相两相信号的相位差
FA-12	电子齿轮分子	1 to 65535 RDX ［取决于模型］	输入一个脉冲位置命令，设置电子齿轮比应用于指令值 齿轮比是由（fa-12）/（fa-13） 分子和分母可分别设置 设置必须满足以下条件：$1/20 \leqslant (fa-12)/(fa-13) \leqslant 50$
FA-13	电子齿轮分母	RDP ［1］	flip-x 系列的精度是 16384 脉冲/电动机转数，和移相器系列分辨率为 1μm 的脉冲 默认值是发出指令为 1μm/脉冲

图 1-11　伺服驱动器使用参数说明

气动平行夹手夹放工件装置主要是对工件的夹取和放料控制，其夹取工件和放下工件的速度由单向节流阀进行调节。液压缓冲装置主要用来通过其安装位置调节 Y 轴丝杠的运动行程，以及减少因编程错误而造成的机械撞击，避免机械损坏。气动平行夹手夹放工件装置和液压缓冲装置分别如图 1-12 和图 1-13 所示。

图 1-12　气动平行夹手夹放工件装置

图 1-13　液压缓冲装置

6. 链条传送单元

该单元主要由链条传送模块、原点检测模块、旋转编码器、三相永磁低速同步电动机、链式传动装置等组成。其中，链条传送模块经由同步轮和三相永磁低速同步电动机的轴连接在一起，松下 VFO 变频器控制三相电动机运行，电动机带动链条传送装置一起转动，旋转编码器检测工件托盘所在链条传送带上的位置坐标及电动机运行速度。该单元主要实现传送及定位工件托盘坐标。

在链条传送单元，旋转编码器用来对工件托盘所在链条传送带上位置坐标进行定位。永磁低速同步电动机在使用中应当注意严格接地，以免感应电势伤人；不要用手去转电动机轴上的同步轮，也不要用手抓连接同步轮的传送带，以免电动机转动伤到手；在高于额定频率（50Hz）下运行，如发热异常，需要立即断电；在发出异常声音时，需要立即断电，并检查电动机接线，查看是否缺相或接线处松动。

7. 仓储单元

该单元用于存放工件，实现工件的出入库管理。仓储单元中库位高度不同，可以在库位中进行工件码垛，满足不同编程需要，进而接近实际的仓储系统；根据控制要求自行进行不同控制任务的编写。仓储单元中的库位可沿着型材基体做相对移动，方便实现库位的调整。仓储单元如图 1-14 所示。

8. PLC 控制单元

该单元使用 S7-200 CPU226CN 型号的主机和 EM253 位置控制模块共同实现控制任务，该单元如图 1-15 所示。PLC 主机集成了 24 输入/16 输出共 40 路数字量 I/O 点，可连接 7 个扩展模块，最大扩展至 248 路数字量 I/O 点或 35 路模拟量 I/O 点；13k 字节程序和数据存储空间；6 个独立的 30kHz 高速计数器，2 路独立的 20kHz 高速脉冲输出，具有 PID 控制器；2 个 RS485 通信/编程口，具有 PPI 通信协议、MPI 通信协议和自由方式通信能力；可完全适应于一些复杂的中小型控制系统。

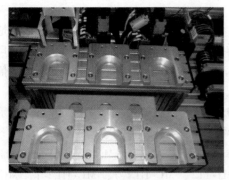

图 1-14　仓储单元

图 1-15　PLC 控制单元

EM2353 位置控制模块可提供从 12Hz 至 200kHz 的脉冲频率输出；提供螺旋补偿功能；提供多种工作模式，有绝对方式、相对方式、手动方式；提供连续的位置控制工程；最多可以支持 25 个位置点的控制；每段运动轨迹包络，可以有最多 4 种不同的速度实现；提供 4 种不同寻找原点的方式；便捷安装、拆卸的端子连接器。

注明：由于松下 VF0 变频器采用低电平控制信号进行控制，与西门子 PLC 输出的高电平不兼容，因此在 PLC 控制单元中对 PLC 输出电平进行了反转，此时的 PLC 输出信号为低电平。

任务 2　直角坐标码垛机器人系统调试与训练案例

2.1　任务概述

系统调试与训练是确保 BNRT-CACS3 型直角坐标码垛机器人正常工作的必要过程，以验证机器人系统结构的合理性和可行性。通过 BNRT-CACS3 型直角坐标码垛机器人系统调试与训练案例，让学生、走上职教岗位的老师以及部分研究学者能够真正地了解直角坐标码垛机器人，并最终掌握使用直角坐标码垛机器人的技能。

2.2　任务目标

1. 了解 BNRT-CACS3 型直角坐标码垛机器人接线准则。
2. 掌握 BNRT-CACS3 型直角坐标码垛机器人系统工作过程。

2.3　任务引入

BNRT-CACS3 型直角坐标码垛机器人系统为开放式结构，PLC、传感器与执行器的接口均在 PLC 接口模块上面，可根据需要自行选择接线。为使学生、教师、研究人员等能够对直角坐标码垛机器人系统有充分的了解，特此进行直角坐标码垛机器人系统调试与训练。

2.4　任务实施

2.4.1　BNRT-CACS3 型直角坐标码垛机器人接线准则

BNRT-CACS3 型直角坐标码垛机器人的驱动源为（380±10%）V 的三相五线制，允许工作温度范围为 5~40℃，工作湿度不大于 80%。

机器人系统为开放式结构，PLC、传感器与执行器的接口均在 PLC 接口模块上面，可根据需要自行选择接线。需要注意的是，PLC 模块遵循红色的端口接直流电源 24V，黑色端口接直流电源 0V，蓝色端口接 PLC 输入和传感器信号，黄色端口连接 PLC 输出和接执行器信号。BNRT-CACS3 型直角坐标码垛机器人的 I/O 分配线需要遵循下述要求，见表 1-3。

代码要求需要注意下述几点：电气接口板代号 MJ、PLC 控制模块代号 ML、主令与指示模块代号 MC、电源模块代号 MP、变频器模块代号 MQ、三相异步电机代号 M1。

接电源（+24V）的点包括：MJ-1、MJ-5、MJ-8、MJ-12、MJ-15、MJ-22、MJ-25、MJ-28、MJ-42、MJ-76、MJ-103、MJ-105、MJ-109、MJ-112、MC-HL1-1、MC-HL2-1、MC-HA-1。

表 1-3　BNRT-CACS3 型直角坐标码垛机器人的 I/O 分配线规定

PLC 站地址		符号	接线地址	说明
输入说明	I0.0			
	I0.1	SQ9	MJ-26	步进电动机原点（步进电动机 Z 轴）
	I0.2	SRD1	MJ-63	纵轴就绪（伺服 X 轴）
	I0.3	INP1	MJ-67	纵轴原点（伺服 X 轴）
	I0.4	SRD2	MJ-97	横轴就绪（伺服 Y 轴）
	I0.5	INP2	MJ-101	横轴原点（伺服 Y 轴）
	I0.6	SQ1-A	MJ-2	链条传送编码器 A 相
	I0.7	SQ1-B	MJ-3	链条传送编码器 B 相
	I1.0	SQ2	MJ-6	链条传送原点坐标
	I1.1			
	I1.2	SQ3-A	MJ-9	带传送编码器 A 相
	I1.3	SQ3-B	MJ-10	带传送编码器 B 相
	I1.4	SQ4	MJ-13	带传送原点坐标
	I1.5	SQ5	MJ-16	#中有无料
	I1.6	SQ6	MJ-18	推料气缸伸出到位
	I1.7	SQ7	MJ-20	推料气缸缩回到位
	I2.0	SQ8	MJ-23	步进电动机上限（步进电动机 Z 轴）
	I2.1	SQ10	MJ-29	步进电动机下限（步进电动机 Z 轴）
	I2.2	SW1	MC-SW1-1	出库选择开关
	I2.3	SW2	MC-SW2-1	入库选择开关
	I2.4			
	I2.5	SB7	MC-SB7-1	急停按钮
	I2.6	SB2	MC-SB2-1	启动按钮
	I2.7	SB1	MC-SB3-1	停止按钮
输出说明	Q0+	PLSP1	MJ-35	纵轴脉冲+（伺服 X 轴）
	Q0-	PLSN1	MJ-36	纵轴脉冲-（伺服 X 轴）
	Q0.1	CP	MJ-106	步进电动机脉冲（步进电动机 Z 轴）
	Q2+	SIGP1	MJ-37	纵轴方向+（伺服 X 轴）
	Q2-	SIGN1	MJ-38	纵轴方向-（伺服 X 轴）
	Q0.3	DIR	MJ-107	步进电动机方向（步进电动机 Z 轴）
	Q0.4	YV1	MJ-113	夹手气缸夹紧
	Q0.5	PD-CW	MJ-110	带传送正转
	Q0.6	PD-CCW	MJ-111	带传送反转
	Q0.7	YV2	MJ-115	推料气缸推料
	Q1.0	VF0-CW	MQ-5	变频器控制电动机正转
	Q1.1	VF0-CCW	MQ-6	变频器控制电动机反转
	Q1.2	ORG1	MJ-48	纵轴伺服回原点（伺服 X 轴）
	Q1.3	ORG2	MJ-82	横轴伺服回原点（伺服 Y 轴）
	Q1.4	PEN	MJ-49,83	伺服使能（伺服 X、Y 两轴）
	Q1.5	HL1	MC-HL1-2	灯 1
	Q1.6	HL2	MC-HL2-2	灯 2
	Q1.7	HA	MC-HA-2	蜂鸣器

接电源（0V）的点包括：MJ-4、MJ-7、MJ-11、MJ-14、MJ-17、MJ-19、MJ-21、MJ-24、MJ-27、MJ-30、MJ-51、MJ-64、MJ-66、MJ-68、MJ-85、MJ-98、MJ-100、MJ-102、MJ-104、MQ-3、MC-SW1-2、MC-SW2-2、MC-SB7-2、MC-SB2-2、MC-SB1-2。

需要短接的点包括：MJ-40、MJ-43、MJ-46、MJ-47，使用黑导线将其短接。

需要短接的点包括：MJ-74、MJ-77、MJ-80、MJ-81，使用黑导线将其短接。

PLC 位置控制扩展模块 EM253 接线：P0+接 MJ-69、P0-接 MJ-70、P1+接 MJ-71、P1+接 MJ-72。

在 PLC 模块电源接线方面，输入部分 COM 点接电源（+24V）；输出部分 M 点接电源（0V），L 点接电源（+24V）；PLC 供电电源接 DC24V 直流电。

在进行系统连线时，应先将 PLC 模块的电源、PLC 输入输出的公共端、各单元模块电源、所用到的按钮和指示灯的电源进行连接，连接时注意不要带电插拔电线。使用变频器时，应先将变频器端子 3 接至 0V。

2.4.2　BNRT-CACS3 型直角坐标码垛机器人调试训练

BNRT-CACS3 型直角坐标码垛机器人的系统调试训练包括如下七步：

1）确认系统电源进行正确，DC 24V 输出电压正常。

2）按照接线规范进行接线，用万用表检测有无接线短路现象。

3）正确接线后，给系统上电，合上电源单元的空气开关。若有异常，如传感器灯不亮或其他现象，应立即切断电源；若无异常，接通气路，进行此装置调试。

4）下载 PLC 程序到 PLC 中，在下载 PLC 程序之前先将 PLC 处于 STOP（停止）状态。

5）设置变频器参数，首先将变频器恢复出厂设置，参数为 P66 = 1，然后设置参数：P01 = 1.0、P02 = 1.0、P05 = 10、P08 = 3、P09 = 0、P62 = 150、P63 = 70。

6）进行井式供料单元调试，调节气缸 YV2 上安装的节流阀使其能正常推出；调节 SQ7 使气缸在原点时有输出；调节 SQ6 使气缸推出到位时有信号输出；调节 SQ5 当有工件放入井式出料塔内时有信号输出，至此，井式供料单元调整完毕。

7）进行机械手搬运、仓储单元调试，调节气缸确保气缸能正常工作，调节光电开关 SQ8 至 SQ10，使机械手运动到位时，有上限位、原点与下限位信号输出。

2.4.3　BNRT-CACS3 型直角坐标码垛机器人系统工作训练

BNRT-CACS3 型直角坐标码垛机器人的系统工作训练包括三个方面，分别为入库训练、出库训练和搬运训练。在训练过程中，当按下停止按钮，系统在完成当前工作过程任务后返回圆点位置停止；当按下急停按钮，系统立即全线停止运行，并报警。入库训练、出库训练和搬运训练的具体内容如下：1. 机器人系统的入库训练

1）设定：12.3 = 1 与 12.2 = 0，执行入库动作。

2）设备准备就绪后，按下启动按钮设备执行复位动作。设备复位时，先将 Z 轴复位然后将 X 轴和 Y 轴复位。

3）复位完成后，机械手运行到带传送单元取料位置，由井式供料机推出工件。

4）传送定位检测出工件所在位置坐标由机械手进行同步跟踪，同步后机械手夹起工件。

5）此时若仓储单元中有空余库位，则机械手将工件放入相应库位，然后开始下一工作

机器人技术与应用

过程；若仓储单元中没有空余库位，则机械手夹取工件后在原位等待操作人员的下一命令。

2. 机器人系统的出库训练

1）设置：12.3=0 与 12.2=1，执行出库动作。

2）设备准备就绪后，按下启动按钮设备执行复位动作。设备复位时，先将 Z 轴复位然后复位 X 轴和 Y 轴。

3）复位完成后，若仓储单元库位中有工件，则机械手运行到相应库位夹取工件，机械手运行到链条传送单元，传送定位检测出当前工件托盘所在位置坐标由机械手进行同步跟踪，同步后机械手将工件放到工件托盘上，然后开始下一工作过程。

4）复位完成后，若仓储单元各库位中没有工件，机械手停止运行等待操作人员的下一命令。

3. 机器人系统的搬运训练

1）设置：12.3=0 与 12.2=0，执行出库动作。

2）设备准备就绪后，单击启动按钮设备执行复位动作。设备复位时，先将 Z 轴复位然后将 X 轴和 Y 轴复位。

3）复位完成后，机械手运行到带传送单元取料位置，由井式供料机推出工件，传送定位检测出工件所在位置坐标由机械手进行同步跟踪，同步后机械手夹起工件。

4）机械手运行到链条传送单元，传送定位检测出当前工件托盘所在位置坐标，由机械手进行同步跟踪，同步后机械手将工件放到工件托盘上，并开始下一工作过程。

任务 3　直角坐标码垛机器人井式供料单元训练案例

3.1　任务概述

井式供料单元是 BNRT-CACS3 型直角坐标码垛机器人的重要组成部分，该单元由井式供料塔、货料检测传感器、料块推块、推料气缸限位传感器、推料气缸、推料气缸原点传感器、底座、电磁阀等组成。通过井式供料单元训练案例，让学生、走上职教岗位的老师以及部分研究学者能够真正的了解井式供料单元，并最终掌握使用直角坐标码垛机器人的技能。

3.2　任务目标

1. 掌握使用 PLC 实现两个常开按钮和两个磁性开关对推料电磁阀的控制。
2. 掌握使用 PLC 实现货物有无检测报警的控制。

3.3　任务引入

井式供料单元中的两个磁性开关采用 DC24V 供电方式。当磁性开关位于磁性气缸内磁环正上方时，磁性开关指示灯（LED）亮，有信号输出；当磁性开关不能正确限位时，可通过移动磁性开关的位置，使其正常工作。

3.4　任务实施

3.4.1　用 PLC 实现两个常开按钮和两个磁性开关对推料电磁阀的控制

1. 任务要求

14

初始状态下，气缸处于缩回状态，按下常开按钮 SB1（开点），如果磁性开关 P-SQ1 接通，则电磁阀 YV 接通并保持，推料气缸推出，当磁性开关 P-SQ2 接通时，电磁阀 YV 断电，推料气缸退回；任何时候，按下按钮 SB2（开点），电磁阀 YV 断电，气缸退回。

2. 操作步骤

1）根据控制要求做出 I/O 分配表。

2）根据 I/O 分配表进行设备接线。

接线注意事项：

① PLC 输入公共端 M 连接至 0V。

② PLC 输出公共端 L 连接至 24V，M 连接至 0V。

③ 用 25 针电缆将 S7-200 与井式供料单元连接，其电磁阀与控制接口、传感器与检测接口的对应关系请参考设备使用说明书。

④ 应对井式供料单元进行电源连线，将"24V"连接到电源 24V，将"0V"连接到电源 0V。

⑤ 应对 PLC 系统进行供电，供电电压为 24V。

⑥ 如对接线有不清楚的，可查阅设备使用说明书，上面有详细图示。

⑦ 注意：停止按钮 SB2 接的是开点。

3）根据控制要求编写 PLC 控制程序。

4）将程序下载到设备中。

5）进行程序调试。

3. 参考程序及调整方法

1）I/O 分配表。I/O 分配见表 1-4。

表 1-4 I/O 分配表

序号	PLC 地址	设备接线	注释	符号
1	I0.0	SB1（开点）	启动按钮	SB_1
2	I0.1	SB2（开点）	停止按钮	SB_2
3	I0.2	检测-1	原点	A_SQ1
4	I0.3	检测-2	限位	A_SQ2
5	Q0.0	控制-1	电磁阀 A-YV	A_YV

2）PLC 参考例程。PLC 参考例程如图 1-16 所示。

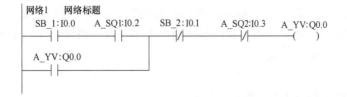

图 1-16　PLC 参考例程

设备调整方法：

① 电磁阀的使用与调整。

井式供料单元所使用的电磁阀为单控电磁阀，使用电磁阀前可以通过按动电磁阀上的手动按钮，来检验电磁阀气路连接是否正确，同时观察气缸的运动情况。

② 限流阀的使用与调整。

通过调整限流阀上的旋钮，可以调节进气量和出气量的大小，从而达到控制气缸推出速度的目的。调节时，应使气缸推出、缩回平滑、稳定。

③ 井式供料气缸的使用与调整。

使用井式供料气缸时，主要注意调节限流阀，使气缸平滑、稳定运行，同时注意，如果经气缸两端所连接的气管对换，气缸的初始状态将改变。

④ 磁性开关的使用与调整。

在调试磁性开关时，注意磁性开关的位置，控制 SQ2 的位置可以调节气缸推出的距离，控制 SQ1 的位置可以检测气缸是否处于回位状态。

4. 注意事项

1）如果气压过低，同样会造成气缸运行不稳定，或无法将货物推出，甚至电磁阀不工作，应注意调节气动三联件的气压，将气压调节到设备使用要求。

2）如果系统的初始状态不对，也会对程序的最终调试有影响，故应检查推料气缸的初始状态，使其符合项目要求。

3）在调试过程中，如果 PLC 的输入输出公共端，以及井式供料单元的供电没有正确连线，也会影响到系统的最终结果。

4）在调试磁性开关时，如果磁性开关的指示灯不亮，而信号可以传到 PLC，则故障原因可能为磁性开关的两棵线被错误连接。

5）在调试时，按下启动按钮，电磁阀 YV 未闭合，可能的故障原因有：

原因 1：SB1 信号未到达 PLC。

原因 2：SB2 进行错误接线（接了闭点）。

原因 3：SQ1 未接通。

原因 4：SQ2 接通。

原因 5：PLC 输出故障。

3.4.2 用 PLC 实现货物有无检测报警的控制

1. 任务要求

初始状态下，气缸处于缩回状态，按下常开按钮 SB1（开点），当井式供料机内有工件时，如果磁性开关 P-SQ1 接通，则电磁阀 YV 接通并保持，推料气缸推出，当磁性开关 P-SQ2 接通时，电磁阀 YV 断电，推料气缸退回；任何时候，按下按钮 SB2（开点），电磁阀 YV 断电，气缸退回。启动后，当井式供料机构内无工件时，指示灯 HL1 闪烁，闪烁频率为 1Hz，按下停止按钮后指示灯灭。

2. 操作步骤

1）根据控制要求做出 I/O 分配表。

2）根据 I/O 分配表进行设备接线。

接线注意事项：

① PLC 输入公共端 M 连接至 0V。

② PLC 输出公共端 L 连接至 24V，M 连接至 0V。

③ 用 25 针电缆将 S7-200 与井式供料单元连接，注意电磁阀与控制接口、传感器与检

测接口的对应关系。

④ 应对井式供料单元进行电源连线，将 "24V" 连接到电源 24V，将 "0V" 连接到电源 0V。

⑤ 应对 PLC 系统进行供电，供电电压为 24V。

⑥ 注意：停止按钮 SB2 接的是开点。

⑦ PLC 输出为高电平，所以指示灯 HL1 的一端接 PLC 的输出 Q0.1，一端接 GND。

3）根据控制要求编写 PLC 控制程序。

4）将程序下载到设备中。

5）进行程序调试。

3. 参考程序及调整方法

1）I/O 分配表。I/O 分配见表 1-5。

表 1-5　I/O 分配表

序号	PLC 地址	设备接线	注释	符号
1	I0.0	SB1（开点）	启动按钮	SB_1
2	I0.1	SB2（开点）	停止按钮	SB_2
3	I0.2	检测-1	A_SQ1	A_SQ1
4	I0.3	检测-2	A_SQ2	A_SQ2
5	I0.4	检测-3	A_SQ3	A_SQ3
6	Q0.0	控制-1	电磁阀 YV	A_YV
7	Q0.1	HL1	指示灯 HL1	HL1

2）PLC 参考例程。PLC 参考例程如图 1-17 所示。

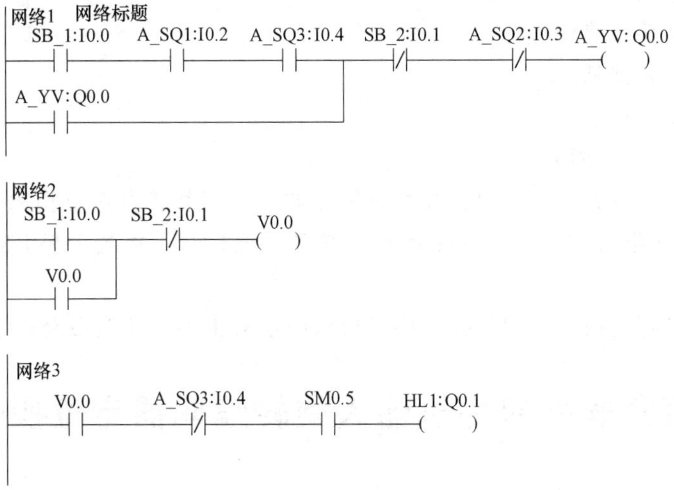

图 1-17　PLC 参考例程

设备调整方法：

① 电磁阀的使用与调整：井式供料单元所使用的电磁阀为单控电磁阀，使用电磁阀前可以通过按动电磁阀上的手动按钮，来检验电磁阀气路连接是否正确，同时观察气缸的运动情况。

② 限流阀的使用与调整：通过调整限流阀上的旋钮，可以调节进气量和出气量的大小，

从而达到控制气缸推出速度的目的，调节时，应使气缸的推出、缩回平滑、稳定。

③ 井式供料气缸的使用与调整：使用井式供料气缸时，主要注意调节限流阀，使气缸平滑、稳定运行，同时注意，如果经气缸两端所连接的气管对换，气缸的初始状态将改变。

④ 磁性开关的使用与调整：在调试磁性开关时，注意磁性开关的位置，控制 SQ2 的位置可以调节气缸推出的距离，控制 SQ1 的位置可以检测气缸是否处于回位状态。

⑤ 工件有无检测传感器的使用与调整：工件有无检测传感器有两个调节旋钮，在使用时要区分清楚，需调整为当工件挡住传感器时，传感器有信号输出，PLC 输入 I0.4 接通；当井式供料机构内无工件时，传感器无输出，PLC 输入 I0.4 断开。

⑥ 指示灯的使用与调整：指示灯接线可在使用前先对指示灯进行测试，判断指示灯是否可以正常工作。

4. 注意事项

1）如果气压过低，同样会造成气缸运行不稳定，或无法将货物推出，甚至电磁阀不工作，应注意调节气动三联件的气压，将气压调节到设备使用要求。

2）如果系统的初始状态不对，也会对程序的最终调试有影响，所以应检查推料气缸的初始状态，使其符合项目要求。

3）在调试过程中，如果 PLC 的输入输出公共端，以及井式供料单元的供电没有正确连线，也会影响到系统的最终结果，所以连线必须正确。

4）在调试磁性开关时，如果磁性开关的指示灯不亮，而信号可以传到 PLC，则可能的故障原因是磁性开关的两根线被错误连接。

5）在调试时，按下启动按钮，电磁阀 YV 未闭合，可能的故障原因有：

原因 1：SB1 信号未到达 PLC。

原因 2：SB2 接线错误。

原因 3：SQ1 未接通。

原因 4：SQ2 接通。

原因 5：PLC 输出故障。

6）在使用工件有无传感器时，注意灵敏度调节。当井式供料机构内有工件时，但工件没有完全挡住传感器的光线，这导致 PLC 未接到检测信号，需要调整传感器的灵敏度，或者调整工件的位置。

7）当系统没有启动时，如果井式供料机构内没有工件，那么报警指示灯并不闪烁。

任务 4　直角坐标码垛机器人旋转编码器定位操作训练案例

4.1　任务概述

BNRT-CACS3 型直角坐标码垛机器人旋转编码器定位操作训练，主要是指使用旋转编码器进行定位控制，当货物运行 10cm 后，电动机停止运行。

4.2　任务目标

掌握直角坐标码垛机器人旋转编码器定位功能。

4.3　任务引入

旋转编码器是 BNRT-CACS3 型直角坐标码垛机器人的重要组成部件，该部件主要起到定位的作用。PLC 通过高数计数器来统计编码器发出的脉冲数，从而判断货物所处的位置。

4.4　任务实施

为了实现货物的定位控制，需要用到旋转编码器。旋转编码器是一种将角位移转换成脉冲值的检测装置，PLC 通过高数计数器来统计编码器发出的脉冲数，从而判断货物所处的位置。旋转编码器可输出两路脉冲信号，其波形如图 1-18 所示。当旋转编码器正转时，A 相超前 B 相 90°；当旋转编码器反转时，A 相滞后 B 相 90°，这样通过该装置就可以检测电动机运行的绝对位置。

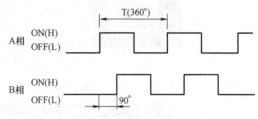

图 1-18　旋转编码器输出的两路脉冲信号

任务要求检测货物运行 10cm 的距离，实际就是要求检测旋转编码器运行一定脉冲数值后，变频器停止运行。不失一般性，我们不妨假设货物运行 10m 所需要的脉冲值为 1000 个脉冲（实际数值可以通过实验测量，在此不再赘述），下面进行实验操作。

1. PLC 编程

PLC 编程项目见表 1-6。

表 1-6　PLC 编程项目

输入接口			输出接口		
PLC 端	单元板端口	注释	PLC 端	变频器接口	注释
I0.0	SA	旋转编码器 A 相脉冲输出	Q0.0	NO.5	控制电动机启动
I0.1	SW1	启动变频器信号			
I0.2	SW2	高数计数器复位信号			

在 S7-200 型 CPU226PLC 中，共有 6 个高数计数器，每个高数计数器有 11 种模式，针对项目要求，我们选择计数器 HSC0，选择模式为 1，通过编程软件的向导指令，可以完成项目要求。

1）打开编程软件 STEP7-MICRO/WIN，从"工具"栏进入到"位置控制向导"，如图 1-19 所示。

2）进入"指令向导"界面。在指令向导中，支持三种指令功能：PID、NETR/NETW、HSC。使用高数计数功能应选择"HSC"，然后单击"下一步"，如图 1-20 所示。

```
工具(T)　窗口(W)　帮助(H)
指令向导(I)…
文本显示向导(T)…
S7-200 Explorer
TD Keypad Designer
位置控制向导(P)…
EM 253 控制面板(E)…
```

图 1-19　"工具"栏选项

3）配置高数计数器。从 HC0 至 HC5 中选择一个高数计数器，选择不同的高数计数器所使用的外部输入信号不同。针对此项目要求，选择"HC0"，输入点为 I0.0、I0.1、I0.2。

每个高数计数器最多有 11 种工作模式，选择"模式 1"，控制方式为带有内部方向控制的单相增/减计数器，没有启动输入，带有复位输入信号。结合选择的高数计数器 HSC0，则输入点

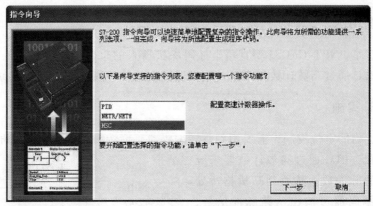

图 1-20 "指令向导"界面中选择设置

I0.0 为脉冲时输入端口，I0.2 为复位输入操作。设置如图 1-21 所示，完成后单击"下一步"。

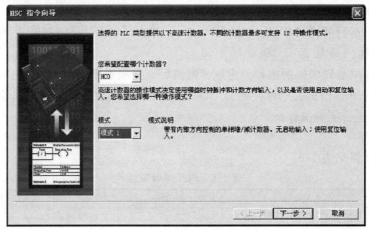

图 1-21 高数计数器设置

4）初始化 HC0。在初始化选项中，需要给子程序命名，系统默认名称为 "HSC + INIT"；设定高数计数器的预置值（PV）为 1000，计数器的当前值为 0，计数器的初始计数方向为"增"，复位输入信号为高电平有效，具体设置如图 1-22 所示。

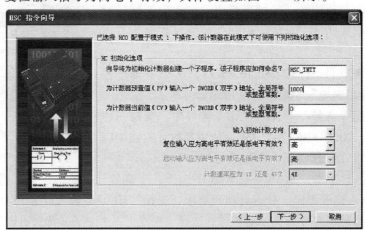

图 1-22 初始化 HC0 设置

5）设置 HC0 的中断事件。当高数计数器的预置值与计数器当前值相等时，产生中断事件，具体设置如图 1-23 所示。

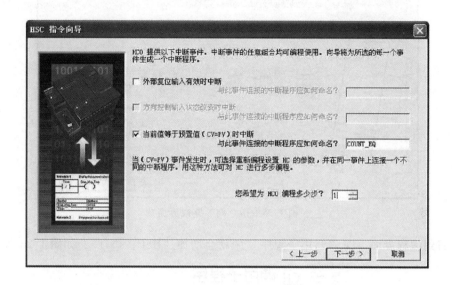

图 1-23　HC0 中断事件设置

6）当计数器的经过值与预置值相等时，高数计数器的任何一个动态参数都可以被更新。在这里，可更新预置值为 0，具体操作如图 1-24 所示。

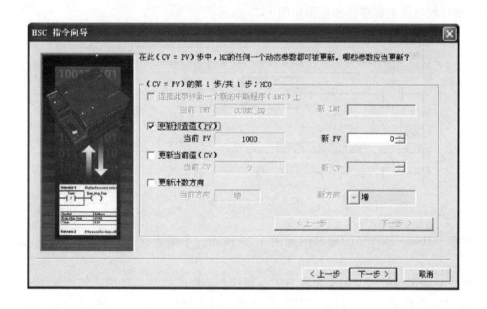

图 1-24　更新预置值设置

7）完成指令向导。向导完成以后，会自动生成一个子程序"HSC_ INIT"和一个中断程序"COUNT_ EQ"，在编程序时可直接调用，具体界面如图 1-25 所示。

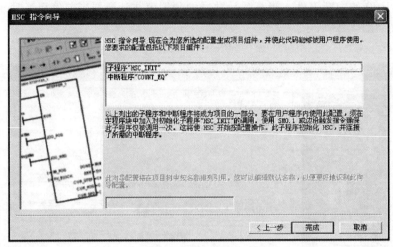

图 1-25　指令向导完成界面

8）回到编程界面，在"调用子程序"中就会增加"HSC_ INIT"，如图 1-26 所示。

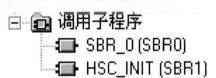

图 1-26　调用子程序界面

9）编写程序。主程序的梯形图如图 1-27 所示。

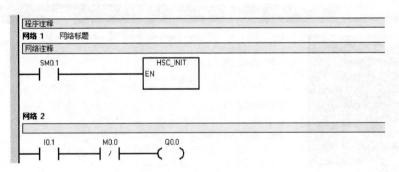

图 1-27　主程序梯形图

子程序"HSC_ INIT"的梯形图如图 1-28 所示。中断程序"COUNT_ EQ"如图 1-29 所示。

当系统开始运行时，调用子程序 HSC_ INIT。子程序的目的是用于初始化 HSC0，将其控制字节 SMB47 设置为"16#F8"，即允许计数、写入新的当前值、写入新的预置值、写入新的计数方向，设置初始计数方向为加计数，启动输入信号和复位输入信号都是高电平有效。

当 HSC0 的计数脉冲达到设定值 1000 时，调用中断程序"COUNT_ EQ"，将 SMD48 的置变为 0，即清除高数计数器的当前值。同时设置完成标志位 M0.0。

当 I0.1 触点闭合时，Q0.0 吸合，变频器启动，电动机开始转动，同时编码器的经过值 HC0 开始增加；当经过值达到 1000 时，启动中断程序，标志位 M0.0 置为 1，变频器停止运行。

2. 系统接线

1）先关闭变频器电源，再关闭系统电源。

2）此项目可在"货物分拣系统"接口单元板上进行操作。按照 I/O 分配表将对应的端口连接在一起，将 PLC 输出端与变频器对应的端子进行连接。

3）将 PLC 的 COM 端口线连接在一起，并将变频器的端口与输出电源负载短接在一起。

4）"旋转编码器"中的 SA 与 I0.0 相连，SW1 与 I0.1 相连，SW2 与 I0.2 相连，Q0.0 对应于电动机。

5）检查线路没有问题后，打开电源，在计算机上输入上述程序并下载到计算机中，然后将 PLC 拨到"RUN"档。

6）拨动 SW1 开关，变频器开始运行，当电动机走 10cm 后，停止运行。检查系统运行是否正常。

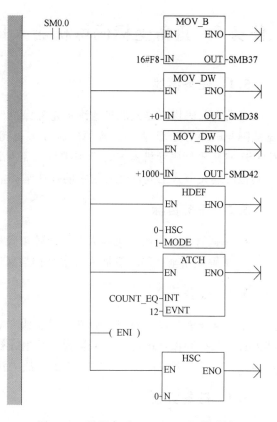

图 1-28　子程序"HSC_INIT"梯形图

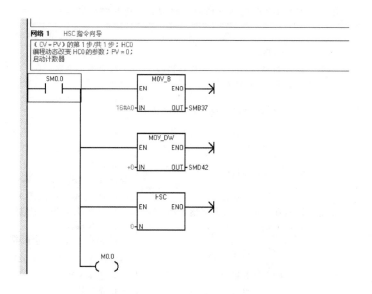

图 1-29　中断程序"COUNT_EQ"梯形图

任务 5 直角坐标码垛机器人日常维护与常见故障排除案例

5.1 任务概述

直角坐标码垛机器人的日常维护是确保机器人正常工作的基础，而熟悉并掌握机器人常见故障与解决方法是学生、教师、研究人员等应该具备的技能。本任务主要针对 BNRT-CACS3 直角坐标码垛机器人日常维护以及常见故障进行了分析与归纳总结，有助于学生等对其他后续关节式工业机器人技术的技能掌握。

5.2 任务目标

1. 掌握直角坐标码垛机器人常见故障以及解决方法。
2. 了解直角坐标码垛机器人日常维护与保养方法。

5.3 任务引入

本着操作者和设备的安全原则、设备维护，本任务针对 BNRT-CACS3 直角坐标码垛机器人日常维护和保养进行了总结。为使学生、初级科研人员等能够更好地操作直角坐标码垛机器人，熟悉其常见故障，掌握相应的解决方法，本任务在此也进行了归纳分析。

5.4 任务实施

5.4.1 直角坐标码垛机器人常见故障排除

在系统使用或调试中，常常因不小心接线或人为等因素引起机器人故障，接下来总结了一些常见故障，并给出了一定的解决办法，见表 1-7。

表 1-7 BNRT-CACS3 型直角坐标码垛机器人常见故障排除

序号	问题	原因	相应解决方法
1	启动后推料气缸不推料	1. 出料塔内无工件 2. 出料塔内有工件,但传感器没有检测到或工件位置不合适 3. 出料气缸原点传感器没有调节好 4. 气压不足或节流阀调整太紧 5. PLC 输入输出接线错误 6. 工件卡在出料塔口	1. 放工件进入出料塔 2. 调节传感器(SQ5)和工件位置,使其能检测到工件 3. 调节 SQ7 位置使其能正常检测磁性气缸磁环 4. 升高气压、松开节流阀,可先手动进行测试 5. 重新检查接线 6. 向井式供料机中人工放入工件后,延时一会再将其推出
2	气缸推料后不退回	1. SQ6 位置不合适 2. 气压不足或节流阀调整太紧 3. PLC 输入输出接线错误	1. 调节 SQ6 至合适位置 2. 升高气压、松开节流阀,可先手动进行测试 3. 重新检查接线
3	变频器不工作	1. 参数设置错误 2. 变频器没有接地 3. PLC 输入输出接线错误 4. 变频器频率设定钮在最小值处	1. 首先让变频器恢复出厂设置,然后按照说明重新设置变频器 2. 连接变频器 3 号端子至 0V(GND) 3. 重新检查接线 4. 调整变频器频率设定钮,使其达到设定值

（续）

序号	问题	原因	相应解决方法
4	步进电动机运行方向相反	步进电动机线圈接线错误	交换步进电动机线圈 A+ 和 A−，或交换线圈 B+ 和 B−
5	步进电动机运行过快或过慢	细分调节错误	按照说明改变步进电动机细分
6	步进电动机运行一会后过热	驱动器设置的电流太大	按照步进电动机的铭牌标注正确设定步进电动机工作电流
7	步进电动机运行过程中阻转或启动不起来	驱动器设置的电流太小	按照步进电动机的铭牌标注正确设定步进电动机工作电流
8	步进电动机不能复位或限位不管用	限位传感器和原点传感器损坏或接线错误	更换相应传感器或更改接线
9	搬运装置某一位置不能正常搬运工件	位置坐标不准确	根据实际的偏移量来调整机械位置或 PLC 程序中的相应位置的坐标值
10	伺服电动机不运行或运行位置不正确	1. 伺服电动机参数设定不正确 2. 伺服电动机驱动器或电动机接线不正确	1. 根据实际的使用情况重新设定伺服电动机参数 2. 根据实际的使用情况重新进行伺服电动机硬件接线
11	伺服电动机运行起来后，伺服丝杠运动响度大	伺服电动机运行速度过快	改变 PLC 程序控制的伺服电动机运行速度
12	带传送装置不运行	1. 电动机接线错误 2. 电动机与带连接处的传动带太松	1. 重新进行带传送装置的电气接线 2. 松开电动机紧固螺钉，移动电动机位置使传动带拉紧
13	传送带或链式传送带不能定位工件	1. 旋转编码器接线错误 2. 旋转编码器损坏	1. 更改旋转编码器接线 2. 更换旋转编码器，并正确接线

5.4.2　BNRT-CACS3 型直角坐标码垛机器人维护和保养

BNRT-CACS3 型直角坐标码垛机器人具有机、电、气集于一身的技术密集和知识密集的特点，是一种自动化程度高、结构复杂且性价比较高的先进教学仪器设备。为了充分发挥其效益，减少故障的发生，必须做好日常维护工作。

1. BNRT-CACS3 型直角坐标码垛机器人主要维护工作

BNRT-CACS3 型直角坐标码垛机器人的主要维护，主要包括以下几项内容：

1）选择合适的使用环境。机器人使用环境（如温度、湿度、振动、电源电压、频率及干扰等）会影响系统的正常运行，因此在安装时应做到符合相关元器件规定的安装条件和要求。

2）机器人电缆线的检查主要包括检查电缆线的移动接头、拐弯处是否出现接触不良、断路和短路等故障。

3）如果直流 24V 电源没有输出，关断电源过 15s 以上再重新启动。

4）当机器人长期不用时，仪器闲置，此时应经常给系统通电，使其空载运行。在空气湿度较大的梅雨季节应定期通电，利用电器元件本身发热驱走电器元件的潮气，以保证电子部件的性能稳定可靠。同时要加盖防尘布，防止灰尘。

2. 机器人主要机电部件的维护与保养

BNRT-CACS3 型直角坐标码垛机器人的主要机电部件的维护与保养，大致包括以下几项内容：

（1）气缸的维护与保养　气缸的伸出杆采用不锈钢材料制作，应保证其杆件表面的精度和表面粗糙度值，否则会影响其运动精度。同时应在其额定的负载范围内工作，且伸出杆不能承受径向力。

（2）单相交流电动机、三相交流电动机、步进电动机、伺服电动机的维护与保养　要注意磨合使用，这是延长电动机使用寿命的基础。无论是新的还是大修后的电动机，都必须按规范进行磨合后，方能投入正常使用。经常检查紧固部位。电动机在使用过程中受振动冲击和负载不均等影响，螺栓、螺母容易松动，应仔细检查，以免造成因松动而损坏机件，以保证电动机经常处于良好状态，才能节省能耗，延长使用寿命。

（3）链条和带传动装置的维修与保养　链条和带传动装置装有平行带张紧装置，当平行带在运动过程中出现打滑现象时，可调节平行带张紧装置使平行带张紧，但不能超过平行带的允许极限力，否则会缩短平行带的使用寿命，调节后平行带应以手指按下 2~5mn 为准。此外，在调节平行带的张紧装置时应使平行带受力均匀。

（4）电气线路的维护与保养　周期性地进行绝缘检查，确认绝缘的可靠性。

（5）气动装置的维修与保养。

1）观察气压表，系统工作时气压值应保持在 0.4~0.6MPa。

2）检查气压泵的正常工作情况，气动控制系统的压力应在正常范围之内；检查压缩空气的清洁度、气压回路的密封、调压功能，气压回路是否畅通。

（6）二联体的维护与保养　油盅油面的高度应在最高刻线的 1/4 处为最佳，且不能低于其下限刻度。用户可根据机器人的使用率酌情而定。二联体从气体中过滤的水分应及时排除，以免影响气体的温度，从而提高气动元件的使用寿命。

（7）直线导轨和丝杠的维修与保养　因直线导轨和丝杠是高精密器件，且与空气直接接触，所以要保证空气中粉尘的浓度在正常空气环境以下。清洗直线导轨和丝杠上旧的润滑脂，涂上新油脂（半年一次）。如果直线导轨和丝杠在运动过程中出现噪声、运动不平稳等现象，应及时维修、保养，从而提高直线导轨和丝杠的使用寿命。

（8）传感器的维修与保养　保持传感器表面清洁，先用空气压缩机除尘，表面污浊采用中性清洁剂清洗。

项目2　四自由度 SCARA 机器人

任务1　SCARA 机器人路径轨迹规划

1.1　任务概述

SCARA（Selective Compliance Assembly Robot Arm）是在选择方向具有柔顺性的装配机器人，与一般的关节型机器人相比，在平面上具有很好的灵活性，而在与平面垂直的方向具有很高的刚性，对于在平面运动的装配作业非常适用。目前，随着机器人整体技术的全面发展，装配机器人将更加智能化、多样化。本项目基于天津博诺智创机器人技术有限公司研发的 BNRT-SCARA 四自由度 SCARA 机器人进行讲解。本任务主要包括以下几个方面：

（1）机器人运动学　主要是机械机构运动时位移、速度、加速度相互的数学关系。

（2）机器人动力学　通过动力学方程研究机构力、力矩与其速度、加速度的关系。

1.2　任务目标

根据 SCARA 机器人的控制要求，学会建立机器人的 D-H 坐标系，会对 SCARA 机器人进行运动学正解和逆解的分析，掌握 SCARA 机器人路径轨迹规划的方法。

1.3　任务引入

轨迹规划指的是机器人根据操作者设定的参数（位姿、速度和加速度），进行分析整合，由最初的设定动作到完成这一动作的时间历程，在这一任务过程中，需要走的路径所描绘出来的轨迹就是轨迹规划，在此过程中，寻找完成任务的最优方案并执行的能力是完成轨迹规划的重要章节，这一任务不是狭义的，既可以是机器人末端执行部分所完成的路径，也可以是某一关节相对另一关节的相对运动。

轨迹规划的根本目的在于机器人分析并执行所要求的任务，对人为的简单的描述语言，通过分析得到较为详细的轨迹，这也是轨迹规划的基本要求。

对于工业机器人来说，机械手末端对所接收到的目标位姿进行整合，按照输入的数据来准确分析并判断，然后设定目标位姿的轨迹形状，而后对时间和速度进行描绘。对于多变的系统，末端描绘的位姿也是随时间发生变化的，因而从速度到加速度不能固定在某一点来说明，是一个多断点、不稳定的计算，从而引入分层的概念，从最基础的任务规划到所要求的关节规划是高层运动到低层运动的过程，轨迹规划是一个"矢量"概念，包含时间的概念，不能简单地认为就是"路径"。

简单地说，期望的运动和力能否使机器人末端产生相应的运动和力是机器人基本的工作过程，这中间的传递关系是控制环节对最初运动和力分析得到的，从而实现实际的运动和力，如图 2-1 所示。控制系统的闭环控制是一个基于反馈的控制，实际运动的各个参数会反馈到规划最初，因而可以对所得的结果做出适当的修正与补充。下面首先介绍 SCARA 机器人运动学模型。

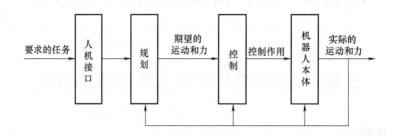

图 2-1　机器人工作原理图

1.4　任务实施

1.4.1　机器人的位姿描述

1. 机器人的位姿

机器人的位姿主要是指机器人手部在空间的位置和姿态，有时也会用到其他各个活动杆件在空间的位置和姿态。位置可以用式（2-1）这个 3×1 的位置矩阵来描述。姿态可以用坐标系三个坐标轴两两夹角的余弦值组成 3×3 的姿态矩阵来描述，见式（2-2）。

$$\vec{\boldsymbol{p}} = \begin{bmatrix} p_x \\ p_y \\ p_z \end{bmatrix} = \begin{bmatrix} x \\ y \\ z \end{bmatrix} \tag{2-1}$$

$$\boldsymbol{R} = \begin{bmatrix} \cos(x, x_h) & \cos(x, y_h) & \cos(x, z_h) \\ \cos(y, x_h) & \cos(y, y_h) & \cos(y, z_h) \\ \cos(z, x_h) & \cos(z, y_h) & \cos(z, z_h) \end{bmatrix} \tag{2-2}$$

2. 机器人的坐标系

1）手部坐标系：参考机器人手部的坐标系，也称机器人位姿坐标系，它表示机器人手部在指定坐标系中的位置和姿态。

2）机座坐标系：参考机器人机座的坐标系，它是机器人各活动杆件及手部的公共参考坐标系。

3）杆件坐标系：参考机器人指定杆件的坐标系，它是在机器人每个活动杆件上固定的坐标系，随杆件的运动而运动。

4）绝对坐标系：参考工作现场地面的坐标系，它是机器人所有构件的公共参考坐标系。

各坐标系关系如图 2-2a 所示。

1.4.2　齐次变换及运算

1. 直角坐标变换

（1）平移变换　设坐标系 $\{i\}$ 和坐标系 $\{j\}$ 具有相同的姿态，但它们的坐标原点不重合，如图 2-2 所示。若用矢量 $\vec{\boldsymbol{p}}_{ij}$ 表示坐标系 $\{i\}$ 和坐标系 $\{j\}$ 原点之间的矢量，则坐

项目 2 四自由度 SCARA 机器人

标系 $\{j\}$ 就可以看成是由坐标系 $\{i\}$ 沿矢量 $\vec{p}_{ij}$ 平移变换而来的，所以称矢量 $\vec{p}_{ij}$ 为平移变换矩阵，它是一个 3×1 的矩阵，即

$$\vec{p}_{ij}=\begin{bmatrix}p_x\\p_y\\p_z\end{bmatrix} \tag{2-3}$$

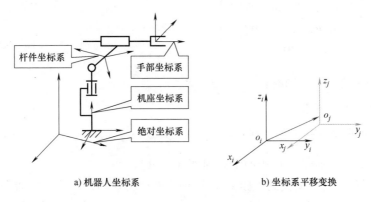

a) 机器人坐标系   b) 坐标系平移变换

图 2-2 机器人坐标系以及坐标系平移变换

若空间有一点在坐标系 $\{i\}$ 和坐标系 $\{j\}$ 中分别用矢量 $\vec{r}_i$ 和 $\vec{r}_j$ 表示，则它们之间有以下关系：$\vec{r}_i=\vec{p}_{ij}+\vec{r}_j$，该式称为坐标平移方程。

（2）旋转变换 设坐标系 $\{i\}$ 和坐标系 $\{j\}$ 的原点重合，但它俩的姿态不同，如图 2-3 所示。则坐标系 $\{j\}$ 就可以看成是由坐标系 $\{i\}$ 旋转变换而来的，旋转变换矩阵比较复杂，最简单的是绕一根坐标轴的旋转变换。下面以此来对旋转变换矩阵做以说明。

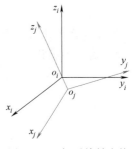

1）绕 z 轴旋转 θ 角。

坐标系 $\{i\}$ 和坐标系 $\{j\}$ 的原点重合，坐标系 $\{j\}$ 的坐标轴方向相对于坐标系 $\{i\}$ 绕轴旋转了一个 θ 角。绕 z 轴旋转 θ 角坐标系 $\{i\}$ 和坐标系 $\{j\}$ 的原点重合，坐标系 $\{j\}$ 的坐标

图 2-3 坐标系旋转变换

轴方向相对于坐标系 $\{i\}$ 绕轴旋转了一个 θ 角。θ 角的正负一般按右手法则确定，即由 z 轴的矢端看，逆时针方向为正，如图 2-4 所示。
变换矩阵推导：

若空间有一点 p，则其在坐标系 $\{i\}$ 和坐标系 $\{j\}$ 中的坐标分量之间就有以下关系：

$$\begin{cases}x_i=x_j\cos\theta-y_j\sin\theta\\y_i=x_j\sin\theta+y_j\cos\theta\\z_i=z_j\end{cases} \tag{2-4}$$

坐标变换如图 2-5 所示。

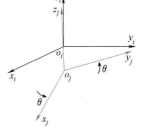

图 2-4 坐标系旋转变换

若补齐所缺的有些项，再做适当变形，则有

$$\begin{cases} x_i = \cos\theta x_j - \sin\theta y_j + Oz_j \\ y_i = \sin\theta x_j + \cos\theta y_j + Oz_j \\ z_i = Ox_j + Oy_j + 1z_j \end{cases} \quad (2\text{-}5)$$

将上式写成矩阵的形式，则有

$$\begin{bmatrix} x_i \\ y_i \\ z_i \end{bmatrix} = \begin{bmatrix} \cos\theta & -\sin\theta & 0 \\ \sin\theta & \cos\theta & 0 \\ 0 & 0 & 1 \end{bmatrix} \begin{bmatrix} x_j \\ y_j \\ z_j \end{bmatrix} \quad (2\text{-}6)$$

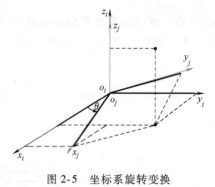

图 2-5　坐标系旋转变换

再将其写成矢量形式，则有：
$$\vec{r}_i = \boldsymbol{R}_{ij}^{z,\theta} \vec{r}_j \quad (2\text{-}7)$$

称上式为坐标旋转方程，

式中　$\vec{r}_i$——p 点在坐标系 $\{i\}$ 中的坐标列阵（矢量）；

　　　$\vec{r}_j$——p 点在坐标系 $\{j\}$ 中的坐标列阵（矢量）；

　$\boldsymbol{R}_{ij}^{z,\theta}$——坐标系 $\{j\}$ 变换到坐标系 $\{i\}$ 的旋转变换矩阵，也称为方向余弦矩阵。它是一个 3×3 的矩阵，其中的每个元素就是坐标系 $\{i\}$ 和坐标系 $\{j\}$ 相应坐标轴夹角的余弦值，它表明坐标系 $\{j\}$ 相对于坐标系 $\{i\}$ 的姿态（方向）。

旋转变换矩阵为

$$\boldsymbol{R}_{ij}^{z,\theta} = \begin{bmatrix} \cos\theta & -\sin\theta & 0 \\ \sin\theta & \cos\theta & 0 \\ 0 & 0 & 1 \end{bmatrix} \quad (2\text{-}8)$$

坐标系旋转变换如图 2-6 所示。

2）绕 x 轴旋转 α 角的旋转变换矩阵为

$$\boldsymbol{R}_{ij}^{x,\alpha} = \begin{bmatrix} 1 & 0 & 0 \\ 0 & \cos\alpha & -\sin\alpha \\ 0 & \sin\alpha & \cos\alpha \end{bmatrix} \quad (2\text{-}9)$$

坐标系旋转变换如图 2-7a 所示。

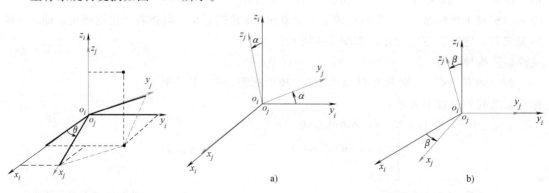

图 2-6　坐标系旋转变换　　　　　　　　图 2-7　坐标系旋转变换

3）绕 y 轴旋转 β 角的旋转变换矩阵为

$$\boldsymbol{R}_{ij}^{y,\beta} = \begin{bmatrix} \cos\beta & 0 & \sin\beta \\ 0 & 1 & 0 \\ -\sin\beta & 0 & \cos\beta \end{bmatrix} \tag{2-10}$$

坐标系旋转变换如图 2-7b 所示。

4）旋转变换矩阵的逆矩阵既可以用线性代数的方法求出，也可以用逆向的坐标变换求出。以绕 z 轴旋转 θ 角为例，其逆向变换即为绕 z 轴旋转 $-\theta$ 角，则其旋转变换矩阵就为

$$\boldsymbol{R}_{ij}^{z,\theta} = \begin{bmatrix} \cos\theta & -\sin\theta & 0 \\ \sin\theta & \cos\theta & 0 \\ 0 & 0 & 1 \end{bmatrix} \Rightarrow \boldsymbol{R}_{ij}^{z,-\theta} = \begin{bmatrix} \cos\theta & \sin\theta & 0 \\ -\sin\theta & \cos\theta & 0 \\ 0 & 0 & 1 \end{bmatrix} \tag{2-11}$$

比较以下两式

$$\boldsymbol{R}_{ij}^{z,\theta} = \begin{bmatrix} \cos\theta & -\sin\theta & 0 \\ \sin\theta & \cos\theta & 0 \\ 0 & 0 & 1 \end{bmatrix} \quad \boldsymbol{R}_{ji}^{z,-\theta} = \begin{bmatrix} \cos\theta & \sin\theta & 0 \\ -\sin\theta & \cos\theta & 0 \\ 0 & 0 & 1 \end{bmatrix}$$

可得结论：$(\boldsymbol{R}_{ij}^{z,\theta})^{-1} = (\boldsymbol{R}_{ij}^{z,\theta})^{T}$。

（3）联合变换　设坐标系 $\{i\}$ 和坐标系 $\{j\}$ 之间存在先平移变换、后旋转变换，则空间任一点在坐标系 $\{i\}$ 和坐标系 $\{j\}$ 中的矢量之间就有以下关系

$$\overrightarrow{\boldsymbol{r}}_i = \overrightarrow{\boldsymbol{p}}_{ij} + \boldsymbol{R}_{ij}\overrightarrow{\boldsymbol{r}}_j$$

称上式为直角坐标系中的坐标联合变换方程。

2. 齐次坐标变换

（1）齐次坐标的定义　空间中任一点在直角坐标系中的三个坐标分量用 (x,y,z) 表示，若有四个不同时为零的数 (x',y',z',k) 与三个直角坐标分量之间存在以下关系：$x = \dfrac{x'}{k}$，$y = \dfrac{y'}{k}$，$z = \dfrac{z'}{k}$，则称 (x',y',z',k) 是空间该点的齐次坐标。

有关齐次坐标的几点说明：

1）空间中的任一点都可用齐次坐标表示。

2）空间中的任一点的直角坐标是单值的，但其对应的齐次坐标是多值的。

3）k 是比例坐标，它表示直角坐标值与对应的齐次坐标值之间的比例关系。

4）若比例坐标 $k=1$，则空间任一点 (x,y,z) 的齐次坐标为 $(x,y,z,1)$，以后用到齐次坐标时，一律默认 $k=1$。

（2）齐次变换矩阵（D-H 矩阵）　若坐标系 $\{j\}$ 是 $\{i\}$ 先沿矢量 $\overrightarrow{\boldsymbol{p}}_{ij} = p_x\boldsymbol{i} + p_y\boldsymbol{j} + p_z\boldsymbol{k}$ 平移，再绕 z 轴旋转 θ 角得到的，则空间任一点在坐标系 $\{i\}$ 和坐标系 $\{j\}$ 中的矢量和对应的变换矩阵之间就 $\overrightarrow{\boldsymbol{r}}_i = \overrightarrow{\boldsymbol{p}}_{ij} + \boldsymbol{R}_{ij}^{z,\theta}\overrightarrow{\boldsymbol{r}}_j$，写成矩阵形式则为

$$\begin{bmatrix} x_i \\ y_i \\ z_i \end{bmatrix} = \begin{bmatrix} p_x \\ p_y \\ p_z \end{bmatrix} + \begin{bmatrix} \cos\theta & -\sin\theta & 0 \\ \sin\theta & \cos\theta & 0 \\ 0 & 0 & 1 \end{bmatrix} \begin{bmatrix} x_j \\ y_j \\ z_j \end{bmatrix} \tag{2-12}$$

再用坐标分量等式表示，则有

$$\begin{cases} x_i = p_x + \cos\theta x_j - \sin\theta y_j \\ y_i = p_y + \sin\theta x_j + \cos\theta y_j \\ z_i = p_z + z_j \end{cases} \tag{2-13}$$

引入齐次坐标，补齐所缺各项，再适当变形，则有

$$\begin{cases} x_i = \cos\theta x_j - \sin\theta y_j + 0z_j + p_x 1 \\ y_i = \sin\theta x_j + \cos\theta y_j + 0z_j + p_y 1 \\ z_i = 0x_j + 0y_j + 1z_j + p_z 1 \\ 1 = 0x_j + 0y_j + 0z_j + 1\times1 \end{cases} \tag{2-14}$$

再将其写成矩阵形式则有

$$\begin{bmatrix} x_i \\ y_i \\ z_i \\ 1 \end{bmatrix} = \begin{bmatrix} \cos\theta & -\sin\theta & 0 & p_x \\ \sin\theta & \cos\theta & 0 & p_y \\ 0 & 0 & 1 & p_z \\ 0 & 0 & 0 & 1 \end{bmatrix} \begin{bmatrix} x_j \\ y_j \\ z_j \\ 1 \end{bmatrix} \tag{2-15}$$

由此可得联合变换的齐次坐标方程为：

$\begin{bmatrix} \vec{r}_i \\ 1 \end{bmatrix} = M_{ij} \begin{bmatrix} \vec{r}_j \\ 1 \end{bmatrix}$，其中 M_{ij} 为齐次坐标变换矩阵，它是一个 4×4 的矩阵。

1.4.3 机器人运动学方程

运动学方程建立步骤：

（1）建立坐标系 如图 2-8 所示。

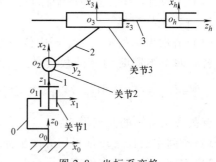

图 2-8 坐标系变换

1）机座坐标系 {0}。机座坐标系建立原则为：z 轴垂直；x 轴水平；方向指向手部所在平面，如图 2-9 所示。

2）杆件坐标系 {i}，$i=1$，2，…，n

杆件坐标系建立原则为：z 轴与关节轴线重合，x 轴与两关节轴线的距离重合，方向指向下一个杆件。杆件坐标系有两种：z 轴与 $i+1$ 关节轴线重合和 z 轴与 i 关节轴线重合。第一种坐标系：z 轴与 $i+1$ 关节轴线重合如图 2-10 所示。第二种坐标系：z 轴与 i 关节轴线重合如图 2-11 所示。

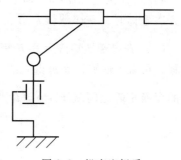

图 2-9 机座坐标系

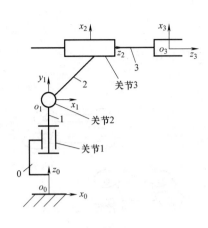

图 2-10　杆件坐标系（1）

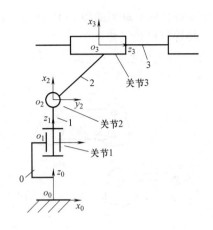

图 2-11　杆件坐标系（2）

3）手部坐标系 $\{h\}$。

在第一种杆件坐标系下，$\{h\}$ 与末端杆件坐标系 $\{n\}$ 重合，如图 2-12 所示。在第二种杆件坐标系下，$\{h\}$ 建立在手部中心，方向与末端杆件坐标系 $\{n\}$ 保持一致，如图 2-13 所示。

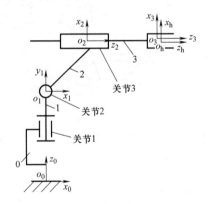

图 2-12　手部坐标系（1）

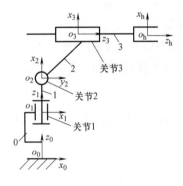

图 2-13　手部坐标系（2）

（2）确定参数

1）杆件几何参数（不变）包括：

① 杆件长度 l_i：两关节轴线的距离。

② 杆件扭角 α_i：两关节轴线的夹角。

杆件几何参数示意图如图 2-14 所示。

2）关节运动参数

关节变量包括：

d_i——平移关节；

θ_i——回转关节。

$$q_i = s_i\theta_i + (1-s_i)d_i, \text{ 其中 } s_i = \begin{cases} 1, i \text{ 为转动关节} \\ 0, i \text{ 为移动关节} \end{cases}$$

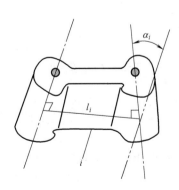

图 2-14　杆件几何参数示意图

关节运动参数示意图如图 2-15 所示。

（3）相邻杆件位姿矩阵

1）第一种坐标系建立坐标系 $\{i-1\}$、$\{i\}$，如图 2-16 所示。

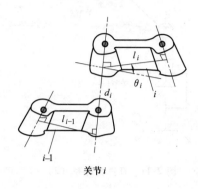

关节 i

图 2-15　关节运动参数示意图

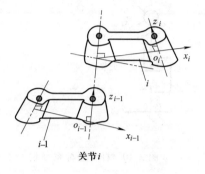

关节 i

图 2-16　坐标系 $\{i-1\}$、$\{i\}$

① $\{i-1\} \rightarrow \{i\}$ 变换过程如下

a. Trans $(0, 0, d_i)$；

b. Rot (z, θ_i)；

c. Trans $(l_i, 0, 0)$；

d. Rot (x, α_i)。

坐标系变换示意图如图 2-17 所示。

② 单步齐次变换矩阵

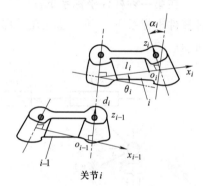

关节 i

图 2-17　坐标系 $\{i-1\}$、$\{i\}$ 变换

a. Trans $(\boldsymbol{0}, \boldsymbol{0}, \boldsymbol{d}_i)$　　$\Rightarrow$　$\boldsymbol{M}_a = \begin{bmatrix} 1 & 0 & 0 & 0 \\ 0 & 1 & 0 & 0 \\ 0 & 0 & 1 & d_i \\ 0 & 0 & 0 & 1 \end{bmatrix}$

b. Rot $(\boldsymbol{z}, \boldsymbol{\theta}_i)$　　$\Rightarrow$　$\boldsymbol{M}_b = \begin{bmatrix} \cos\theta_i & -\sin\theta_i & 0 & 0 \\ \sin\theta_i & \cos\theta_i & 0 & 0 \\ 0 & 0 & 1 & 0 \\ 0 & 0 & 0 & 1 \end{bmatrix}$

c. Trans $(\boldsymbol{l}_i, \boldsymbol{0}, \boldsymbol{0})$　　$\Rightarrow$　$\boldsymbol{M}_c = \begin{bmatrix} 1 & 0 & 0 & l_i \\ 0 & 1 & 0 & 0 \\ 0 & 0 & 1 & 0 \\ 0 & 0 & 0 & 1 \end{bmatrix}$

d. Rot $(\boldsymbol{x}, \boldsymbol{\alpha}_i)$　　$\Rightarrow$　$\boldsymbol{M}_d = \begin{bmatrix} 1 & 0 & 0 & 0 \\ 0 & \cos\alpha_i & -\sin\alpha_i & 0 \\ 0 & \sin\alpha_i & \cos\alpha_i & 0 \\ 0 & 0 & 0 & 1 \end{bmatrix}$

③ 相邻杆件的位姿矩阵

$$M_{i-1i} = (M_a M_b) \cdot (M_c M_d) = \begin{bmatrix} \cos\theta_i & -\sin\theta_i & 0 & 0 \\ \sin\theta_i & \cos\theta_i & 0 & 0 \\ 0 & 0 & 1 & d_i \\ 0 & 0 & 0 & 1 \end{bmatrix} \begin{bmatrix} 1 & 0 & 0 & l_i \\ 0 & \cos\alpha_i & -\sin\alpha_i & 0 \\ 0 & \sin\alpha_i & \cos\alpha_i & 0 \\ 0 & 0 & 0 & 1 \end{bmatrix}$$

$$= \begin{bmatrix} \cos\theta_i & -\sin\theta_i \cdot \cos\alpha_i & \sin\theta_i \cdot \sin\alpha_i & l_i\cos\theta_i \\ \sin\theta_i & \cos\theta_i \cdot \cos\alpha_i & -\cos\theta_i \cdot \sin\alpha_i & l_i\sin\theta_i \\ 0 & \sin\alpha_i & \cos\alpha_i & d_i \\ 0 & 0 & 0 & 1 \end{bmatrix}$$

$q_i = s_i\theta_i + (1-s_i)d_i$；$M_{i-1i} = f(q_i)$，$q_i$——各个关节变量。

有一种特殊情况需注意：

$$M_a M_b = M_b M_a = \begin{bmatrix} \cos\theta_i & -\sin\theta_i & 0 & 0 \\ \sin\theta_i & \cos\theta_i & 0 & 0 \\ 0 & 0 & 1 & d_i \\ 0 & 0 & 0 & 1 \end{bmatrix}$$

$$M_c M_d = M_d M_c = \begin{bmatrix} 1 & 0 & 0 & l_i \\ 0 & \cos\alpha_i & -\sin\alpha_i & 0 \\ 0 & \sin\alpha_i & \cos\alpha_i & 0 \\ 0 & 0 & 0 & 1 \end{bmatrix}$$

2）第二种坐标系　建立坐标系 $\{i-1\}$、$\{i\}$，如图 2-18 所示。

① $\{i-1\} \to \{i\}$ 变换过程如下：

a. Trans $(l_{i-1}, 0, 0)$；

b. Rot (x, α_{i-1})；

c. Trans $(0, 0, d_i)$；

d. Rot (z, θ_i)。

坐标系变换示意图如图 2-19 所示。

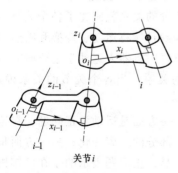

图 2-18　坐标系 $\{i-1\}$、$\{i\}$

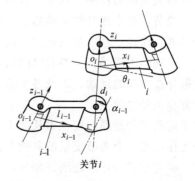

图 2-19　坐标系 $\{i-1\}$、$\{i\}$ 变换

② 单步齐次变换矩阵

a. Trans $(l_{i-1}, \, \mathbf{0}, \, \mathbf{0})$ $\Rightarrow$ $\boldsymbol{M}_a = \begin{bmatrix} 1 & 0 & 0 & l_{i-1} \\ 0 & 1 & 0 & 0 \\ 0 & 0 & 1 & 0 \\ 0 & 0 & 0 & 1 \end{bmatrix}$

b. Rot $(x, \, \boldsymbol{\alpha}_{i-1})$ $\Rightarrow$ $\boldsymbol{M}_b = \begin{bmatrix} 1 & 0 & 0 & 0 \\ 0 & \cos\alpha_{i-1} & -\sin\alpha_{i-1} & 0 \\ 0 & \sin\alpha_{i-1} & \cos\alpha_{i-1} & 0 \\ 0 & 0 & 0 & 1 \end{bmatrix}$

③ 相邻杆件的位姿矩阵

$$\boldsymbol{M}_{i-1i} = (\boldsymbol{M}_a \boldsymbol{M}_b)(\boldsymbol{M}_c \boldsymbol{M}_d) = \begin{bmatrix} 1 & 0 & 0 & l_{i-1} \\ 0 & \cos\alpha_{i-1} & -\sin\alpha_{i-1} & 0 \\ 0 & \sin\alpha_{i-1} & \cos\alpha_{i-1} & 0 \\ 0 & 0 & 0 & 1 \end{bmatrix} \begin{bmatrix} \cos\theta_i & -\sin\theta_i & 0 & 0 \\ \sin\theta_i & \cos\theta_i & 0 & 0 \\ 0 & 0 & 1 & d_i \\ 0 & 0 & 0 & 1 \end{bmatrix}$$

$$= \begin{bmatrix} \cos\theta_i & -\sin\theta_i & 0 & l_{i-1} \\ \cos\alpha_{i-1} \cdot \sin\theta_i & \cos\alpha_{i-1} \cdot \cos\theta_i & -\sin\alpha_{i-1} & -d_i\sin\alpha_{i-1} \\ \sin\alpha_{i-1} \cdot \sin\theta_i & \sin\alpha_{i-1} \cdot \cos\theta_i & \cos\alpha_{i-1} & d_i\cos\alpha_{i-1} \\ 0 & 0 & 0 & 1 \end{bmatrix}$$

$$q_i = s_i\theta_i + (1-s_i)d_i$$

$\boldsymbol{M}_{i-1i} = f(q_i)$，$q_i$——各个关节变量。

（4）建立方程 已知相邻杆件位姿矩阵：$\boldsymbol{M}_{01}$、$\boldsymbol{M}_{12}$、$\cdots$、$\boldsymbol{M}_{n-1n}$、$\boldsymbol{M}_{nh}$

则 $$\boldsymbol{M}_{0h} = \boldsymbol{M}_{01}\boldsymbol{M}_{12}\cdots\boldsymbol{M}_{n-1n}\boldsymbol{M}_{nh}$$

$$\boldsymbol{M}_{01} = f(q_1) \text{、} \boldsymbol{M}_{12} = f(q_2) \text{、} \cdots \text{、} \boldsymbol{M}_{n-1n} = f(q_n)$$

则 $$\boldsymbol{M}_{0h} = f(q_i), i = 1, 2, \cdots, n$$

M_{0h}——手的位姿；

q_i——各个关节变量。

1.4.4 SCARA 机器人运动学模型

对机器人运动的控制，就是对机器人各个关节、各个连杆等彼此之间相对位置的控制，以及各个关节、各个连杆的运动速度的控制，而相对位置的关系就阐述了各个关节、各个连杆以及环境、途径、基准等彼此之间的关系，为了能准确且能将运动、变换和映射与矩阵联系起来，运动学可描述各个参数之间的关系和方法。所以，机器人运动学主要研究机器人末端执行部分在空间的运动，以及各个关节的运动之间的关系。当各个关节的关系确定之后，运动学方程也随之建立。

对于运动学的建模阶段，需从两个方面进行探讨，一方面是运动学正问题，在这部分里主要阐述在已知各个关节变量的基础上，研究末端执行部分的位姿变化；另一方面是运动学逆问题，研究方式与正问题刚好相反。两者的基本概念是，正问题表示的是在已知机器人各个关节变量的情况下，求机器人末端执行部分相对于参考坐标系的位姿，逆问题表示在已知机器人末端执行部件的最终位姿关系，求解机器人各个关节的关节变量。由此，可以通过末端执行部件的位姿矩阵与关节变量之间的函数关系，来确定相邻坐标系之间的变换参数，从而得到齐次变换关系（位姿矩阵），最后用乘积运算得到机器人的运动学方程，得到机器人的运动学模型。

1. SCARA 机器人正运动学分析

运动学正问题是在已知机器人各个关节变量的情况下，求机器人末端执行部分相对于参考坐标系的位姿。SCARA 机器人有四个自由度，对于机器人末端执行部分的夹持、抓取或者吸附等动作，不算作机器人的自由度数目中，这个动作没改变机器人末端执行部分在空间的位姿，所以建立 D-H 坐标系，如图 2-20 所示。

如图 2-20 所示的机座坐标系及末端执行部件坐标系，可知各关节的几何参数和关节变量，基于齐次变换矩阵的分析方法，可得到相应的参数，见表 2-1。

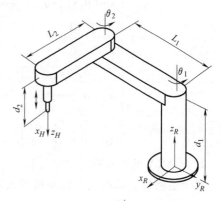

图 2-20　SCARA 机器人关节坐标系

表 2-1　SCARA 机器人 D-H 参数表

杆件编号	α_{i-1}	a_{i-1}	θ_i	d_i	关节变量	备注
1	0	l_1	θ_1	d_1	θ_1	$L_1 = 320\text{mm}$
2	0	l_2	θ_2	0	θ_2	$L_2 = 250\text{mm}$
3	180°	0	0	d_3	d_3	
4	0	0	θ_4	0	θ_4	

根据运动学系统的数学推导和齐次变换法来进行正运动学解析，其齐次变换通式为

$$A_i = \begin{bmatrix} c\theta_i & -s\theta_i & 0 & a_{i-1} \\ s\theta_i c\alpha_{i-1} & c\theta_i c\alpha_{i-1} & -s\alpha_{i-1} & -d_i s\alpha_{i-1} \\ s\theta_i s\alpha_{i-1} & c\theta_i s\alpha_{i-1} & c\alpha_{i-1} & d_i c\alpha_{i-1} \\ 0 & 0 & 0 & 1 \end{bmatrix}$$

代入表 2-1 所示的各个关节参数，得

$$A_1 = \begin{bmatrix} \cos\theta_1 & -\sin\theta_1 & 0 & l_1\cos\theta_1 \\ \sin\theta_1 & \cos\theta_1 & 0 & l_1\sin\theta_1 \\ 0 & 0 & 1 & 0 \\ 0 & 0 & 0 & 1 \end{bmatrix} \quad A_2 = \begin{bmatrix} \cos\theta_2 & \sin\theta_2 & 0 & l_2\cos\theta_2 \\ \sin\theta_2 & -\cos\theta_2 & 0 & l_2\sin\theta_2 \\ 0 & 0 & -1 & 0 \\ 0 & 0 & 0 & 1 \end{bmatrix}$$

$$A_3 = \begin{bmatrix} 1 & 0 & 0 & 0 \\ 0 & 1 & 0 & 0 \\ 0 & 0 & 1 & d_3 \\ 0 & 0 & 0 & 1 \end{bmatrix} \quad A_4 = \begin{bmatrix} \cos\theta_4 & -\sin\theta_4 & 0 & 0 \\ \sin\theta_4 & \cos\theta_4 & 0 & 0 \\ 0 & 0 & 1 & 0 \\ 0 & 0 & 0 & 1 \end{bmatrix} \tag{2-16}$$

由式（2-15）的变换矩阵可知：可设各个关节的变换矩阵的通式为 $_i^{i-1}T$（$i = 1$，2，…，n），SCARA 末端执行部件的位姿方程是由其各自相乘得到的，即运动学方程可表示为

$$
{}_4^0 \boldsymbol{T} = {}_1^0 \boldsymbol{T}_2^1 \boldsymbol{T}_3^2 \boldsymbol{T}_4^3 \boldsymbol{T} = \boldsymbol{A}_1 \boldsymbol{A}_2 \boldsymbol{A}_3 \boldsymbol{A}_4
$$

$$
= \begin{bmatrix} \cos(\theta_1+\theta_2-\theta_4) & \sin(\theta_1+\theta_2-\theta_4) & 0 & l_1\cos\theta_1+l_2\cos(\theta_1+\theta_2) \\ \sin(\theta_1+\theta_2-\theta_4) & -\cos(\theta_1+\theta_2-\theta_4) & 0 & l_1\sin\theta_1+l_2\sin(\theta_1+\theta_2) \\ 0 & 0 & -1 & d_1+d_3 \\ 0 & 0 & 0 & 1 \end{bmatrix}
$$

$$
= \begin{bmatrix} n_x & o_x & a_x & p_x \\ n_y & o_y & a_y & p_y \\ n_z & o_z & a_z & p_z \\ 0 & 0 & 0 & 1 \end{bmatrix}
$$

2. SCARA 机器人逆运动学分析

对于逆问题，指的是在已知机器人末端执行部件的最终位姿关系，求解机器人各个关节的关节变量。对于运动学逆问题的求解就是求运动学方程的逆解，区别于运动学正问题，逆问题即运动学方程的逆解存在多解情况，在进行逆问题分析时，可以通过代数法、几何法和数值法来进行计算，从而在多解中找到满足机器人运动的最优解。其中，递推逆变换法指的是依次将相邻杆件位姿矩阵的逆矩阵左乘机器人运动学方程，从而可得到一组函数方程式，而在这些函数方程式中，可选择只包含一个或不多于两个待求关节变量的方程式进行求解，从而求出待求关节变量的值。照此方法，以此类推，可求出所求关节变量的值。

如下式所示，$\boldsymbol{T}_{\text{end}}$ 表示 SCARA 末端执行部件位姿矢量矩阵，速度矢量矩阵可由 $\dot{\boldsymbol{T}}_{\text{end}}$ 表示，两式均为在机器人第一杆件坐标系中得到。

$$
\boldsymbol{T}_{\text{end}} = \begin{bmatrix} n_x & o_x & a_x & p_x \\ n_y & o_y & a_y & p_y \\ n_z & o_z & a_z & p_z \\ 0 & 0 & 0 & 1 \end{bmatrix} \quad \dot{\boldsymbol{T}}_{\text{end}} = \begin{bmatrix} \dot{n}_x & \dot{o}_x & \dot{a}_x & \dot{p}_x \\ \dot{n}_y & \dot{o}_y & \dot{a}_y & \dot{p}_y \\ \dot{n}_z & \dot{o}_z & \dot{a}_z & \dot{p}_z \\ 0 & 0 & 0 & 0 \end{bmatrix}
$$

式中参数见表 2-2，具体矢量图如图 2-21 所示。

表 2-2　矢量矩阵的参数说明

矢量项目	符号	矩阵	说明
末端执行位置矢量	$\boldsymbol{p}$	$\boldsymbol{p} = [p_x, p_y, p_z]^T$	两手指连线的中点 （手爪坐标系的原点）
方位矢量	$\boldsymbol{o}$	$\boldsymbol{o} = [o_x, o_y, o_z]^T$	指尖互相指向 （手抓坐标系的 y 轴）
法相矢量	$\boldsymbol{n}$	$\boldsymbol{n} = [n_x, n_y, n_z]^T = ao$	垂直手掌面的方向 （手爪坐标系的 x 轴）
接近矢量	$\boldsymbol{a}$	$\boldsymbol{a} = [a_x, a_y, a_z]^T$	夹持器进入物体的方向 （手爪坐标系的 z 轴）

对于位姿矩阵 ${}_4^0 \boldsymbol{T}$，分别左乘 $\boldsymbol{A}_1^{-1} \boldsymbol{A}_2^{-1} \boldsymbol{A}_3^{-1}$，然后可得出各个关节的每一组函数方程式，比较函数方程左右两边的对应方程，可分别得到关节变量对应各个关节的逆解，以及速度对应各个关节的逆解，由此可整合出各个关节变量的逆解，如下式所示

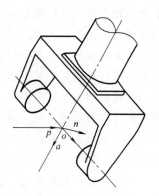

$$\sin\theta_1 = \frac{1}{r^2}\left[\left(l_1 + l_2\cos\theta_2\right)p_y - l_2\sin\theta_2 p_x\right]$$

$$\cos\theta_1 = \frac{1}{r^2}\left[\left(l_1 + l_2\cos\theta_2\right)p_x + l_2\sin\theta_2 p_y\right]$$

$$\theta_1 = \arctan\left(\sin\theta_1/\cos\theta_1\right)$$

$$\sin\theta_2 = \pm\sqrt{1 - \cos^2\theta_2}$$

$$\cos\theta_2 = \frac{1}{2l_1 l_2}\left(r^2 - l_1^2 - l_2^2\right)$$

图 2-21　矢量图

$$\theta_2 = \arctan\left(\sin\theta_2/\cos\theta_2\right)$$

$$d_3 = d_1 - p_z$$

$$\cos\theta_4 = o_x\sin\left(\theta_1 + \theta_2\right) + o_y\cos\left(\theta_1 + \theta_2\right)$$

$$\sin\theta_4 = -\left[o_x\cos\left(\theta_1 + \theta_2\right) + o_y\sin\left(\theta_1 + \theta_2\right)\right]$$

$$\theta_4 = \arctan\left(\sin\theta_4/\cos\theta_4\right)$$

其中，$r^2 = p_x^2 + p_y^2$，式中 $\sin\theta = \pm\sqrt{1 - \cos^2\theta}$ 中，正负号对应两组可能解。速度逆解为

$$\dot{\theta}_1 = \frac{\dot{p}_x\sin\left(\theta_1 + \theta_2\right) + \dot{p}_y\cos\left(\theta_1 + \theta_2\right)}{p_x\sin\left(\theta_1 + \theta_2\right) - p_y\cos\left(\theta_1 + \theta_2\right)}$$

$$\dot{\theta}_2 = \frac{p_x\dot{p}_x - p_y\dot{p}_y}{l_1 l_2\sin\theta_2}$$

$$\dot{d}_3 = -\dot{p}_z$$

$$\dot{\theta}_4 = \frac{\left(o_x A + o_y B\right)\left(\dot{\theta}_1 + \dot{\theta}_2\right) + B\dot{o}_x - A\dot{o}_y}{\sin\theta_4 + \cos\theta_4}$$

式中，$A = \cos\left(\theta_1 + \theta_2\right) - \sin\left(\theta_1 + \theta_2\right)$，$B = \cos\left(\theta_1 + \theta_2\right) + \sin\left(\theta_1 + \theta_2\right)$。

加速度逆解为

$$\ddot{\theta}_1 = \frac{\ddot{p}_x C + \ddot{p}_y D + l_2\left(\ddot{\theta}_1 + \ddot{\theta}_2\right)\ddot{\theta}_2 + \dot{\theta}_1\left(\dot{p}_x C + \dot{p}_y D\right)}{p_x D + p_y C}$$

$$\ddot{\theta}_2 = \frac{l_1 l_2\cos\theta_2\dot{\theta}_2 + \dot{p}_x^2 + \dot{p}_y^2 + p_x\ddot{p}_x + p_y\ddot{p}_y}{l_1 l_2\sin\theta_2}$$

$$\ddot{d}_3 = -\ddot{p}_z$$

其中，$C = \cos\left(\theta_1 + \theta_2\right)$，$D = \sin\left(\theta_1 + \theta_2\right)$。

机器人运动学方程的正解具有唯一性，可逆解存在无解、一解或者多解问题。无解的情况

表示机器人末端执行部分在空间的位姿不在机器人工作范围内，这是各关节变量的取值无法达到所要求的位姿，无解的情况是在空间角度来说明。基于此，可以知道，一解的情况表示的是机器人末端执行部分在空间的位姿恰好在机器人工作范围边缘，这样的临界条件有且仅有一种可能，所以得到一个解。然而，对于多解的情况就较为复杂，机器人末端执行部分在空间的位姿包含在机器人工作范围内，这样的结果导致各关节变量可以取多组且不同的解。这三种情况在逆解中都有可能存在，因而必须进行选择，对最优解进行判定。判定的准则为"靠近"思想，即当机器人末端执行部分由前一点运动到后一点时，存在多个解，可选择最"靠近"前一点的解。图 2-22 所示为一个两连杆机器人，对于一个给定的位置和姿态，它具有两组解。两者均能满足给定的位置与姿态。但对于一个真实的机器人，只有一组解与实际情况相对应，因此，应对多余解进行剔除，方法有

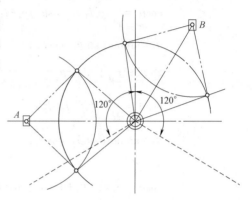

1）根据关节运动空间来选择合适的解。

2）选择一个最接近的解。

3）根据避障要求选择合适的解。

4）逐级剔除多余解。

由图 2-22 看出，图中虚线表示机器人大臂的运动范围（±120°），当机器人由 A 点运动至 B 点时，存在两组解。当末端执行部件夹取 A 点的物

图 2-22 连杆机器人多解情况

体时，由剔除方法的运动范围（避障）要求，只存在一种路径，即只有一组解；当末端执行部件夹取 A 点的物体运动到 B 点时，这时存在两组解，由剔除方法的选择最近点要求，可知只有一组解。

3. SCARA 机器人轨迹规划的方法

以初始点、目标点及有可能存在的中间点来描绘轨迹是一种可行的方法，初始点到达目标点的方式却很多，本次设计讨论以多项式函数进行插补运算，得到路径轨迹，从而对比给定路径，用平滑曲线连接，也可以将整个轨迹分成几段，每一段用多项式连接相邻的两个点，但是中间点不好捕捉，可能出现停顿，这就得添加合理的约束条件，从而得到的路径与给定的路径相比较，使之满足在运动过程中需要的位移、速度和加速度等约束的要求，以便于机械手控制之用。通过如上的推导，所得到的的路径不一定是如前设定的路径，对两者进行比较，并考虑在这整个运动过程中的约束变量，一般地设定位移、速度和加速度等矢量，这对绘制轨迹及机械手的控制有着积极的优化作用。一般而言，可通过两种方式来实现末端执行器的轨迹规划，通过分析可知，两种方式有着不同的含义，均能实现对轨迹的描绘。

基于运动学正解和逆解的分析，可知第一种方法基于显式的给定广义坐标的约束设置，从最初给定的结点对基本参数设置约束条件，另外，也可以从最初给定的插值点进行设置，这样的过程存储在轨迹规划器中，它从约束函数中选定轨迹，这仅仅是参数化的结果，以上所描述的参数指末端执行部件的位姿参数，一般包括位置、速度和加速度。

第二种方法所表示的基于函数显式的概念，首先给定末端执行部件的行走轨迹，也就是行走的必经路径，然后模拟给定路径确定一条类似路径，整个过程是在关节空间坐标或者笛卡尔空间坐标系中进行。

本任务选择在关节变量空间中进行规划，首先将在工具空间（直角坐标空间）中期望的路径点，通过运动学逆运算，得到期望的关节位置，然后在关节空间中给每一个关节找到中间点到达目标点的曲线函数。这种轨迹规划的方法比较简单，不存在机构的奇异点问题，而且关节轨迹容易规划。从驱动角度，机械手的空间运动受各关节的驱动。采用关节变量来描述机械手的空间运动，并以关节变量的时间函数来规划其运动轨迹，称为关节空间中规划。在关节空间中的规划来确定各个关节参数的过程，参数随时间的变化而变化，对这规律的描绘分析是关节规划的主要内容。基本步骤如下：

1）确定路径的起始点和终止点。

2）基于"靠近"原理，关节空间变量的确定是一个前后对比并确定的过程，此过程还是基于运动学逆解问题，对每个点需进行逆解探讨。

3）描绘好前后点的信息后，随后对之中的关键信息进行整合和规划，以这些点的信息为基础进行轨迹的描绘，这样就可以得到基本的曲线图。

以三次多项式规划为例，结合本设计要求，进行轨迹规划。

首先假定机器人在初始时刻的关节值，以及运动到某时刻（目标位置）的关节值，另外假定初始时刻和运动到目标位置的速度均为 0，各个参数见表 2-3。

表 2-3　某关节轴的关节值的参数

内容	时刻	关节值
初始值	$t_0 = 0$	θ_0
目标值	t_f	θ_f

通过以上 4 个参数条件，可确定出该关节运动的约束条件，从而确定出下列三次多项式中的 4 个未知参数：

$$\theta(t) = a_0 + a_1 t + a_2 t^2 + a_3 t^3 \tag{2-17}$$

其中，约束条件为：

$$\begin{cases} \theta(t_0) = \theta_0 \\ \theta(t_f) = \theta_f \\ \dot{\theta}(t_0) = 0 \\ \dot{\theta}(t_f) = 0 \end{cases} \tag{2-18}$$

对式（2-17）求一阶导数可得到关节速度，二阶导数可得到加速度，见式（2-19）。

$$\begin{cases} \dot{\theta}(t) = a_1 + 2a_2 t + 3a_3 t^2 \\ \ddot{\theta}(t) = 2a_2 + 6a_3 t \end{cases} \tag{2-19}$$

将已知条件式（2-18）代入式（2-17）和式（2-19）中的第一个公式，得到关于系数 $a_0 \sim a_3$ 的四个方程，即

$$\begin{cases} \theta_0 = a_0 \\ \theta_f = a_0 + a_1 t_f + a_2 t_f^2 + a_3 t_f^3 \\ 0 = a_1 \\ 0 = a_1 + 2a_2 t_f + 3a_3 t_f^3 \end{cases} \tag{2-20}$$

解之得

$$\begin{cases} a_0 = \theta_0 \\ a_1 = 0 \\ a_2 = \dfrac{3}{t_f^2}(\theta_f - \theta_0) \\ a_3 = -\dfrac{2}{t_f^3}(\theta_f - \theta_0) \end{cases} \tag{2-21}$$

所以，由式（2-20）确定的三次多项式

$$\theta(t) = \theta_0 + \frac{3}{t_f^2}(\theta_f - \theta_0) t^2 - \frac{2}{t_f^3}(\theta_f - \theta_0) t^3 \tag{2-22}$$

式（2-22）为某关节的轨迹函数，确定了从 θ_0 到 θ_f 的任意时刻的关节位置。由此，可求出关节速度和加速度分别为

$$\dot{\theta}(t) = \frac{6}{t_f^2}(\theta_f - \theta_0) t - \frac{6}{t_f^3}(\theta_f - \theta_0) t^2$$

和

$$\ddot{\theta}(t) = \frac{6}{t_f^2}(\theta_f - \theta_0) t - \frac{12}{t_f^3}(\theta_f - \theta_0) t$$

显然，其速度曲线为抛物线，加速度曲线则为直线。然而，在三次多项式规划中，对于某些参数，因为对约束条件的欠定义，使其曲线不平稳，所以在规划中，必要时，可引出过中间点的三次多项式规划，通过加速度条件的约束，可有效地描绘出连续的轨迹曲线。另外，如果关节需要连续通过多个路径点，则在每段结束时的关节位置和速度就是下一段的起始条件，各轨迹同样也可以用三次多项式加以规划。对于多关节机器人，每个关节都用上述步骤确定各自的运动轨迹。

任务 2　SCARA 装配机器人的控制系统

2.1　任务概述

本任务主要介绍机器人控制的特点、要求和分类，对硬件系统的方案进行选择及选型，并得到了接线图，绘制机器人控制流程图和气动控制流程图，实践证明能够满足 BNRT-SCARA 机器人的控制目的。

2.2　任务目标

1. 了解机器人控制的特点、要求和分类。
2. 熟悉 SCARA 机器人运动控制系统的硬件部分和软件部分。

2.3　任务引入

对于机器人控制系统，通过分层概念来予以阐述，具体如图 2-23 所示，机器人通过人

机接口获取操作者的指令，指令的形式有：人的自然语言、专用指令语言、示教指令、通过键盘输入机器人指令语言以及计算机程序指令。首先机器人对输入的命令进行"理解"；其次做出相应动作，实现相应"任务"，即为任务规划；最后机器人根据任务进行动作分解，即为动作规划。对于轨迹规划，主要是对机器人每个关节运动进行设计，实现轨迹规划内容；对于伺服控制，是最底层的关节运动。

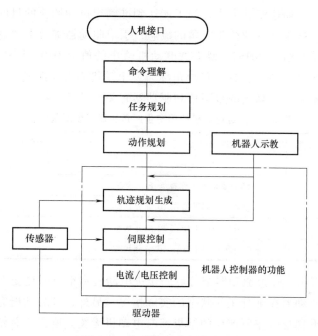

图 2-23　机器人的分层控制图

2.4　任务实施

2.4.1　运动控制系统的硬件部分

1. 步进电动机的控制方案

对于现有步进电动机控制方式的选项，考虑到实验室现有设备的基础条件，采用运动控制卡来控制步进电动机，运动控制卡在配合计算机上位机的控制方式，有利于在人机交互的界面，实现可视化的控制进程。另外，运动控制卡内存的大量运动控制函数，可以根据实际要求进行调用，来实现电动机的运动。

运动控制卡一般采用 PC 机的 PCI 总线方式，无须进行任何跳线操作，资源可自动产生配置功能，并且所有的输入、输出信号均采用光电隔离，可靠性和抗干扰性都有很大提高。另外，运动控制卡中内存有大量的库函数，例如：初始化函数、脉冲输入/输出设置函数、运动速度设置函数、单轴位置运动控制函数、线性插补函数和两周圆弧插补函数等；运动控制卡还可以设置梯形速度曲线、S 形速度曲线等，正因为运动控制卡有如此丰富且实用的功能，因而对于二次开发具有重要意义，不仅可以通过不同途径和手段进行开发，而且缩短了开发周期，提高了效率。开放式的结构使得运动控制卡在应用中有不同的使用效果，例如，对于不同的数控设备，其高性能、模块柔性化的优势可以得到充分地利用。考虑到实验室现有的设备，也考虑到经济性和实用性，最终采用"PC+运动控制卡"的方案。

机器人技术与应用

2. 电动机驱动器的选型

作为一个执行件，步进电动机驱动器承担着重要的作用，当端子板发出电脉冲信号时，驱动器承接的任务就是将其转换为角位移信号，从而控制步进电动机正反转。步进电动机的控制，需要回零操作，所以在驱动器的脉冲供应时，每一个脉冲信号对应一个固定的角度，另外还需注意，脉冲个数的多少直接影响步进电动机的角位移度数，脉冲频率的大小直接影响步进电动机的速度、加速度的大小，为了能达到准确定位和调速的目的，在编程时，应注意调整这些内容。根据步进电动机步距角的概念，引出驱动器细分的概念，选择 86HS35 型步进电动机给予简单介绍，86HS35 型步进电动机给出的值为 0.9°/1.8°（表示半步工作时为 0.9°、整步工作时为 1.8°），这个步距角称为"电动机固有步距角"，它不一定是电动机实际工作时的真正步距角，真正的步距角和驱动器有关，见表 2-4。

表 2-4　步进电动机的固有步距角和真正步距角比较

电动机固有步距角	所用驱动器工作状态	电动机运行时的真正步距角
0.9°/1.8°	驱动工作在半步状态	
0.9°/1.8°	细分驱动器工作在 5 细分状态	0.36°
0.9°/1.8°	细分驱动器工作在 10 细分状态	0.18°
0.9°/1.8°	细分驱动器工作在 20 细分状态	0.09°
0.9°/1.8°	细分驱动器工作在 40 细分状态	0.045°

从表 2-4 可以看出：经过驱动器细分后的步进电动机步距角明显变小，这说明了在选择驱动器时，应考虑驱动器在细分工作状态的实际情况。另外，细分功能完全是由驱动器靠线圈内正弦形和余弦形梯形电流所产生的结果，与电动机无关。所以，总结驱动器细分后的主要优点为：

1）减小了电动机的低频振荡。

2）提高了电动机的输出转矩。

3）提高了电动机的分辨率。

在选择步进电动机驱动器时，应着重考虑细分情况，选用细分驱动器可以保证步进电动机在启动时不发生振动，精度也有所保证，所以通过多方面的调研和取证，选用细分驱动器。

基于以上对驱动器细分的分析，结合步进电动机的选型，选用的是深圳雷赛公司出品的步进电动机驱动器 ME872。

3. 运动控制卡的选型

在本项目中，对步进电动机的控制，设置不同加速度、减速度的梯形、S 形速度曲线，可以根据实际情况反映出不同的参数变化，也可利用输入信号对各个关节的运动关系（运动、停止关系）进行修正。根据运动控制卡的功能特点，实现了自动化装备定位精度高、多轴运动准确、开发时间短等。因此，选用深圳雷泰公司生产的 DMC5400 运动控制卡，基本特点有：

1）4 轴独立运动控制。

2）每轴最大输出脉冲频率 6.55MHz。

3）任意两至四轴直线插补功能。

4）任意两轴圆弧插补功能。

5）所有模式可编程加速时间和减速时间。

6）梯形/S 形对称或非对称速度曲线运动。

7）两种脉冲输出类型：双脉冲或脉冲/方向。

8）运动中可改变目标位置和速度。

9）设置比较条件改变速度。

10）4 轴高速位置信息锁存输入。

11）位置管理和软件限位开关功能。

12）最多可达 16 进 16 出 I/O。

13）连续插补功能每轴编码器输入脉冲频率最大 4MHz。

14）两种编码器输入脉冲类型：A/B 相或双脉冲。

15）同一计算机系统中最多可插 5 块卡。

16）功能强大的 MOTION5000 测试软件。

17）支持手轮和 JOG 功能。

18）可用 VB/VC/C++/Lab VIEW 等语言工具编程。

各个硬件选择完毕之后，就要考虑接线问题。参照运动控制卡的硬件手册 DMC5400 运动控制卡上设有 4 轴的脉冲和方向控制信号接口。上位机通过 PCI 总线与运动控制卡相连，能实现多个运动控制卡的控制，通过控制芯片向下连接。脉冲信号的输入、输出不需隔离措施，对于抗干扰能力弱的模拟量的输入、输出采取隔离措施，保证控制的精度，也满足要求。值得注意的是，运动控制卡中含有多种运动控制功能和指令，所以只需调用所需的库函数就可以，节省了编程人员的时间，也提高了效率。

在现有基础上，对硬件进行连线。连线过程中，首先得确定各个接口的含义，对照 DMC5400 用户手册，可依次查询，另外由于接线多而且容易混淆，所以对各个引线进行编号，这样避免了因为人为误差引起的接线错误，提高了精度。图 2-25 为 "PC+运动控制卡+端子板+驱动器+步进电动机" 接线图，这是一个关节驱动控制电路图，其他几个关节接线图也是一致的。

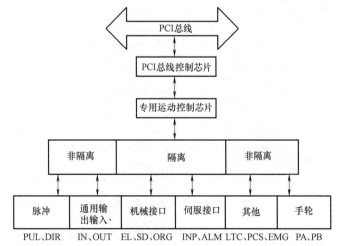

图 2-24 DMC5400 运动控制卡系统框图

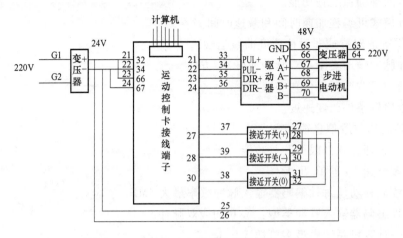

图 2-25　步进电动机相关的电气硬件电路图

2.4.2　运动控制系统的软件部分

机器人系统存在耦合、非线性、时变等特征，因而，完全意义上的硬件控制很难使系统达到最佳状态，或者说，为了追求系统的完整性、完善性，会使硬件系统十分复杂，且不好控制，因而本项目采用基于 C++builder 编程工具和 DMC5400 运动控制卡的机器人控制，换言之，就是利用计算机软件编程的办法，对机器人控制器进行改进，从而实现对各个关节的控制，最终实现对末端执行部分的精确控制，如图 2-26 所示。

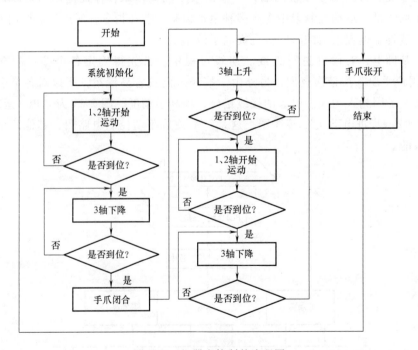

图 2-26　机器人控制的流程图

从宏观上总结出了机器人控制流程，对于编程也起到指导性的作用。对于末端执行部分的夹持动作，考虑到机器人手部零件的通用性和灵活多变性，本次设计选用气缸驱动来实现夹持动作，通过市场调研和选择，气缸驱动的运动形式简单，较易控制，速度也比较稳定。另外考虑实验室环境下的要求，维护、修补、调节等方面也能得到保证。同时，气缸更擅长做直线往复运动，气缸驱动的优势在于可调节性，例如，在速度稳定性上，通过安装单向节流阀，即可实现较为稳定的速度控制；对于气动控制，采用如图 2-27 所示的流程来进行测试取证。

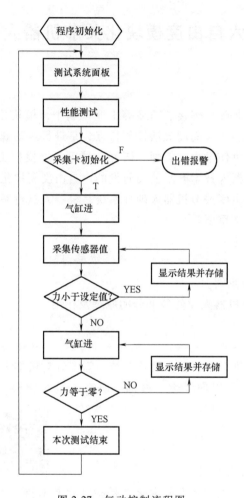

图 2-27 气动控制流程图

项目3 六自由度关节机器人

任务1 六自由度模块化关节机器人硬件系统

1.1 任务概述

目前，在自动搬运、装配、焊接、喷涂等工业现场中，模块化机器人有着广泛的应用，其具有结构紧凑、工作范围大、高度灵活性等特点，是进行运动规划和编程系统设计的理想对象。通过模块化机器人可使学生、教师、研究人员等能够模拟工业现场的实际运行状况。本任务以天津博诺智创机器人技术有限公司研发的六自由度模块化可拆卸机器人为例，对其硬件系统进行介绍。六自由度关节机器人硬件系统是机器人执行搬运任务的基础，对其硬件系统进行深入了解显得非常重要。

1.2 任务目标

1. 了解模块化含义与原则。
2. 熟悉六自由度关节机器人硬件各部分的原理及作用。

1.3 任务引入

为更好地了解六自由度关节机器人硬件系统，需要针对机器人模块的定义原则、作用以及划分原则进行简单介绍，以使学生、教师、研究人员等能够对模块化机器人有充分的了解。

1.4 任务实施

1.4.1 模块化的定义与原则

模块化又称作模件化，也称之为积木化，是指一组具有同一功能的结合要素（连接部分的形状、配合等），但具有不同性能用途和结构，且能够互换的各个单元，或为能增加机械功能的单元模块。由此可见，模块化具备下列四个基本含义：

1. 必须具有一定数量的模块

所谓模块，就是具有同一功能的连接要素，但具有不同结构且能够互换。模块是组成模块化系统的基本单元，它可能是一个零件，也可能是一个组件或部件。一般产品由几个模块组成，每个模块采用什么零件是模块化中很重要的问题。要成为模块，必须具备下列四个条件：

1）具有独立的功能。每一模块都具有自己特定的功能，而该功能又是总功能的组成部分，这种功能能够单独进行调试。

2）具有连接要素。每一模块与其他模块组合后要体现总功能要求。这种组合不是简单的叠加，而是通过一定的连接形式进行叠加，这种形式必须通用而且标准化。

3）具有互换性。各个模块之间可以互换，便于不同模块的组合，也得到不同的功能。连接要素的互换性是模块互换性的组成部分，更主要的是不同功能的模块组合后仍能满足原定功能的需要。

4）具有不同用途、不同结构的一组基本单元。这里强调的是一组而不是单一。只有一组单元，才可以选择不同的组合以实现不同功能要求，进而实现不同的任务需要。这一组单元就是模块，模块本身没有大小的区别，只是用途和结构方面的区别。

2. 应用系统组合原理

模块系统的多功能不像其他产品在不调换附件的情况下体现。模块系统的多功能是通过不同模块的组合体现的，所以模块系统的产品必须应用组合论原理，按需组合。这种组合的关键是必须保证各模块连接要素的一致性。

3. 最终要获得能基本满足各种不同功能的需要

模块化的功能是由各模块组合后体现的，故不同功能模块经组合后体现不同的功能。总之，模块系统是多功能的，这种不同的功能也可以体现在性能的不同。

4. 模块化的可分性

模块化系统可分为若干个模块，而每个模块均有其独立性，可用计算机对模块库进行建立和管理，有利于维修。

1.4.2　模块化的作用

一般来讲，模块化的作用包括 6 个方面，具体内容如下：

1）由原单一功能产品变成多功能产品。

2）便于应用 CAD 等成组技术。

3）增加批量，降低成本，大大缩短设计、生产及制造周期。

4）便于计算机管理。

5）便于产品的更新换代。

1.4.3　模块的划分原则

按照模块定义可知，模块具有独立性、功能性、互换性和成组性，也就是每一模块与它的功能是相对应的，并且与总功能相匹配。在总功能中不存在的功能在模块中也不存在。由于功能的可分性，下一级功能是上一级功能的可分性，那么与之相应的模块也存在着上一级与下一级或者高一级与低一级的模块之分。下一级模块是上一级模块的重要组成部分，这样的层次结构将有利于发挥模块化的作用。

在模块化设计中，模块划分的好坏将直接影响模块化系统的复杂程度、结合与分离的方便性、装配质量的控制以及产品类型的数量；同时，也直接影响经济效益。在一般模块化设计中，模块划分将遵循如下原则：

1. 模块应具有自身的独立性

模块本身不应吸附在其他模块上而完整的独立存在，并完成相应的功能，这样模块容易组成各种变形产品。

2. 要用有限数量的模块构成大量的不同组合的产品

类似量块的组合一样，具有相同的性质。模块的数量与模块的划分有着密切的联系。

3. 模块具有稳定性

在划分模块时，要注意这些模块及组成模块基件的稳定性。基件的变化应该是较少的，否则将影响模块的重建，对生产、管理也是不利的。为此可将变化较大的基件单独组成模块以适应新的变化。

4. 模块的经济性

在进行系统抽象时，通过构思要建立经济合理的模块。模块的经济性主要体现在模块的通用性上，可通过大批量生产降低成本。

1.4.4 模块的组合原则

人们往往希望在产品的模块化后能组合成数量更多的模块系统，这涉及到生产规模，产品的生命周期以及发展趋势。因此，组合并不是模块的盲目、简单叠加，而是要遵循一定的原则，这样才能确定哪些是能组合的，哪些是不能组合的，才能保证达到原定的要求。模块系统一般在组合时应遵循三大原则：

1. 目的性原则

应按具体的功能要求把它分为基本功能和附加功能，从而组成相应的基本功能模块和附加功能模块，凡是与总功能无关的其他特殊功能模块就不必参与组合。总之，模块系统的建立应该以总功能为组合目标。

2. 灵活性原则

模块的组合应具有较大的灵活性，这种灵活性主要体现在模块功能与接触界面的互换性。

3. 经济性原则

对体现功能的模块系统是采用纯模块系统还是混合系统，如何组合最有利要从经济性角度考虑。

1.4.5 模块的接口

模块的接口是模块的重要特性，也是模块设计的重要组成部分。由于模块的互换性是系统互换而不是单件互换，某一模块与另一模块的相互联系，实际上是某一分系统与分系统之间的联系，这种联系就是接口。除了相关的尺寸、形状、表面特性之外还有其他相关的重要参数等。因此，所谓的模块接口，不要单单把它看作是连接处的相关要素，更主要的是涉及内部特征参数的相互匹配。模块的接口应包括以下两个内容：

1. 相互连接的模块界面

这里所指的界面包括接触面的形状、大小、方向、位置以及相关的连接尺寸。界面的表面特性也是很重要的部分，在设计中需要将界面标准化，并根据不同的要求提供选择。尽管模块可看作是系统，但在接口界面处完全可以利用现有工艺结构的有关标准或某些标准件作为依据来用到模块化设计中来。

2. 模块连接时特性参数的一致性

两个模块连接是系统的组成部分，每一系统中模块均可构成一个回路，有些模块是逻辑关系，但也有些模块是物理关系或数学关系。要使这些关系能充分发挥作用，其间必然存在着相互匹配特性参数的一致性。为此，在模块化设计时，不要把着眼点放在模块自身的结构和形状上，还需考虑系统的总参数及与相关模块的匹配。

由于模块化设计的产品，也使得互换性有了新的含义，不仅是零件之间的互换，也是系统之间的互换。

1.4.6 六自由度模块化关节机器人结构

本任务所述六自由度模块化可拆卸机器人为模块组合式串联开链结构，即机器人各连杆由旋转关节模块或移动关节模块组合串联连接，其为天津职业技术师范大学从苏州博实机器人技术有限公司购置。该机器人能够在空间内进行定位，采用伺服电动机和步进电动机混合驱动，六自由度模块化关节机器人由三部分组成：一体化控制柜、实验装置和模块化机器人本体。机器人平台如图 3-1 所示。

图 3-1 六自由度模块化可拆卸机器人平台

本任务六自由度模块化可拆卸机器人本体的各关节轴线相互平行或垂直，连杆的一端装在固定的支座上（底座），另一端处于自由状态，可安装各种工具以实现机器人作业。各模块的传动采用可视化结构，由锥齿轮、同步带和谐波减速器等多种传动结构配合实现，且均采用步进电动机驱动，并通过 Windows 环境下的软件编程对机器人控制，使机器人任意组合后能够在工作空间任意位置精确定位。为方便叙述，无特殊说明时，机器人本体即指机器人。

六自由度模块化可拆卸机器人由 6 个基本模块组成，按照机器人关节区分，可分为模块 1~模块 6，各模块逐节组合，如图 3-2 所示。每一模块可以单独控制运行，模块本身末端有旋转运动、回转运动两种形式，六个模块组合之后构成类似工业串联关节机器人形式。机器人技术参数见表 3-1。

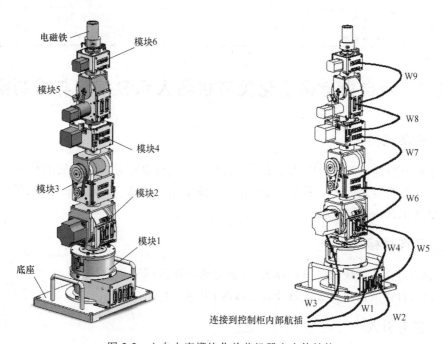

图 3-2 六自由度模块化关节机器人本体结构

表 3-1　六自由度模块化可拆卸机器人技术参数

内　　容		详细参数
模块数量		6
驱动方式		步进电动机驱动（RBT-6T01M） 步进伺服电动机混合驱动（RBT-6T/S01M）
负载能力		0.5kg
重复定位精度		±0.8 mm
动作范围	模块 1 转角 θ_1	$-90° \sim 90°$
	模块 2 转角 θ_2	$-45° \sim 45°$
	模块 3 转角 θ_3	$-45° \sim 45°$
	模块 4 转角 θ_4	$-90° \sim 90°$
	模块 5 转角 θ_5	$-45° \sim 45°$
	模块 6 转角 θ_6	$-180° \sim 180°$
最大速度	模块 1	40°/s
	模块 2	40°/s
	模块 3	20°/s
	模块 4	20°/s
	模块 5	20°/s
	模块 6	20°/s
最大展开半径		485mm
高度		685mm
本体重量		≤10kg
操作方式		示教再现/编程
电源容量		单相 220V、50Hz、3A

任务 2　六自由度模块化关节机器人示教编程与控制案例

2.1　任务概述

　　示教编程与控制是六自由度模块化关节机器人从硬件基础系统走向实用化的有力保障，本任务主要针对机器人示教—再现进行介绍，以使学生、教师、研究人员等能够熟悉并掌握六自由度模块化机器人的使用。

2.2　任务目标

1. 了解六自由度模块化关节机器人正/逆运动学知识。
2. 掌握六自由度模块化关节机器人示教编程与控制。

2.3　任务引入

　　"示教—再现"方式是机器人控制中比较方便和常用的方法之一。在"示教—再现"这一动作循环中，示教和记忆是同时进行的，再现和操作也是同时进行的。示教的方法有很多种，有主从式、编程式、示教盒式等多种。

为确保学生、初级科研人员等能够更好地了解六自由度模块化关节机器人示教编程与控制过程，执行机器人的"示教—再现"任务，首先进行关节式机器人正/逆运动学知识的简单介绍是非常有必要的。本任务以"示教—再现"方式，开展六自由度模块化关节机器人示教编程与控制任务。

2.4　任务实施

2.4.1　机器人正/逆运动学的 D-H 方法

机器人通常是由一系列连杆和相应的运动副组合而成的空间开式链，实现复杂的运动，完成规定的操作。因此，机器人运动学描述的第一步，自然是描述这些连杆之间以及它们和操作对象（工件或工具）之间的相对运动关系。假定这些连杆和运动副都是刚性的，描述刚体的位置和姿态（简称位姿）的方法是这样的：先规定一直角坐标系，相对于该坐标系，点的位置可用三维列向量表示；刚体方位可用 3×3 的旋转矩阵来表示，而 4×4 的齐次变换矩阵可将刚体位置和姿态（位姿）的描述统一起来。

机器人关节坐标系的建立，参照下述三原则：

1）z_{n-1} 轴沿着第 n 个关节的运动轴。

2）x_n 轴垂直于 z_{n-1} 轴并指向离开 z_{n-1} 轴的方向。

3）y_n 轴的方向按右手定则确定。

D-H 法为机器人坐标系建立的常用方法，该方法严格定义了每个关节的坐标系，并对连杆和关节定义了 4 个参数，如图 3-3 所示。

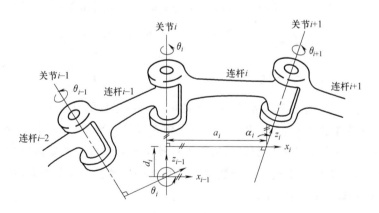

图 3-3　转动关节连杆 4 个参数示意图

机器人机械手是由一系列连接在一起的连杆（杆件）构成的。需要用两个参数来描述一个连杆，即公共法线距离 a_i 和垂直于 a_i 所在平面内两轴的夹角 α_i；需要另外两个参数来表示相邻两杆的关系，即两连杆的相对位置 d_i 和两连杆法线的夹角 θ_i。

除第一个和最后一个连杆外，每个连杆两端的轴线各有一条法线，分别为前、后相邻连杆的公共法线。这两法线间的距离即为 d_i。我们称 a_i 为连杆长度，α_i 为连杆扭角，d_i 为两连杆距离，θ_i 为两连杆夹角。

机器人技术与应用

机器人机械手上坐标系的配置取决于机械手连杆连接的类型，有两种连接——转动关节和棱柱联轴节。对于转动关节，θ_i为关节变量。连杆i的坐标系原点位于关节i和$i+1$的公共法线与关节$i+1$轴线的交点上。如果两相邻连杆的轴线相交于一点，那么原点就在这一交点上。如果两轴线互相平行，那么就选择原点使对下一连杆（其坐标原点已确定）的距离d_{i+1}为零。连杆i的z轴与关节$i+1$的轴线在一直线上，而x轴则在关节i和$i+1$的公共法线上，其方向从i指向$i+1$。当两关节轴线相交时，x轴的方向与两矢量的交积$z_{i-1}z_i$平行或反向平行，x轴的方向总是沿着公共法线从转轴n指向$i+1$。当两轴x_{i-1}和x_i平行且同向时，第i个转动关节的θ_i为零。

一旦对全部连杆规定坐标系之后，我们就能够按照下列顺序由两个旋转和两个平移来建立相邻两连杆$i-1$与i之间的相对关系：

1）绕z_{i-1}轴旋转θ_i角，使x_{i-1}轴转到与x_i同一平面内。

2）沿z_{i-1}轴平移一距离d_i，把x_{i-1}移到与x_i同一直线上。

3）沿i轴平移距离a_{i-1}，把连杆$i-1$的坐标系移到使其原点与连杆n的坐标系原点重合的地方。

4）绕x_{i-1}轴旋转α_{i-1}角，使z_{i-1}转到与z_i同一直线上。

这种关系可由表示连杆i对连杆$i-1$相对位置的4个齐次变换来描述，并称为$\boldsymbol{A}_i$矩阵，此关系式为

$$\boldsymbol{A}_i = \text{Rot}(z,\theta_i)\text{Trans}(0,0,d_i)\text{Trans}(a_i,0,0)\text{Rot}(x,a_i) \tag{3-1}$$

展开上式可得：

$$^{i-1}\boldsymbol{A}_i = \begin{bmatrix} c\theta_i & -s\theta_i c\alpha_{i-1} & s\theta_i s\alpha_{i-1} & a_{i-1}c\theta_i \\ s\theta_i & c\theta_i c\alpha_{i-1} & -c\theta_i s\alpha_{i-1} & a_{i-1}s\theta_i \\ 0 & s\alpha_{i-1} & c\alpha_{i-1} & d_i \\ 0 & 0 & 0 & 1 \end{bmatrix} \tag{3-2}$$

当机械手各连杆的坐标系被规定之后，就能够列出各连杆的常量参数。对于跟在旋转关节i后的连杆，这些参数为d_i，a_{i-1}和α_{i-1}。对于跟在棱柱联轴节i后的连杆来说，这些参数为θ_i和α_{i-1}。然后，α角的正弦值和余弦值也可计算出来。这样，$\boldsymbol{A}_i$矩阵就成为关节变量θ_i的函数（对于转动关节）或变量d_i的函数（对于棱柱联轴节）。一旦求得这些数据之后，就能够确定6个$\boldsymbol{A}_i$变换矩阵的值。

2.4.2　正运动学

只有在"模块组合方式"界面中，选择全部6个模块时才能进行正运动学分析。机器人运动学只涉及物体的运动规律，不考虑产生运动的力和力矩。机器人正运动学所研究的内容是：给定机器人各关节的角度或位移，求解计算机器人末端执行器相对于参考坐标系的位置和姿态问题。

各连杆变换矩阵相乘，可得到机器人末端执行器的位姿方程（正运动学方程），如式（3-1）所示。式（3-1）表示了机器人变换矩阵$^0\boldsymbol{T}_6$，它描述了末端连杆坐标系 $\{6\}$ 相对基坐标系 $\{0\}$ 的位姿，是机械手运动分析的基础。

$$^{0}\boldsymbol{T}_{6} = {}^{0}\boldsymbol{A}_{1}\,{}^{1}\boldsymbol{A}_{2}\,{}^{2}\boldsymbol{A}_{3}\,{}^{3}\boldsymbol{A}_{4}\,{}^{4}\boldsymbol{A}_{5}\,{}^{5}\boldsymbol{A}_{6} = \begin{bmatrix} n_x & o_x & a_x & p_x \\ n_y & o_y & a_y & p_y \\ n_z & o_z & a_z & p_z \\ 0 & 0 & 0 & 1 \end{bmatrix} \tag{3-3}$$

其中：z 向矢量处于手爪抓入物体的方向上，称之为接近矢量 $\vec{a}$，y 向矢量的方向从一个指尖指向另一个指尖，处于规定手爪方向上，称为方向矢量 $\vec{o}$；最后一个矢量称为法线矢量 $\vec{n}$，它与矢量 $\vec{o}$ 和矢量 $\vec{a}$ 一起构成一个右手矢量集合，并由矢量的叉乘所规定：$\vec{n} = \vec{o}\,\vec{a}$。且

$$c_i = \cos\theta_i;$$
$$s_i = \sin\theta_i;$$

$$^{0}\boldsymbol{A}_{1} = \begin{bmatrix} c_1 & 0 & -s_1 & 0 \\ s_1 & 0 & c_1 & 0 \\ 0 & -1 & 0 & d_1 \\ 0 & 0 & 0 & 1 \end{bmatrix};$$

$$^{1}\boldsymbol{A}_{2} = \begin{bmatrix} c_2 & -s_2 & 0 & a_2 c_2 \\ s_2 & c_2 & 0 & a_2 s_2 \\ 0 & 0 & 1 & 0 \\ 0 & 0 & 0 & 1 \end{bmatrix};$$

$$^{2}\boldsymbol{A}_{3} = \begin{bmatrix} c_3 & 0 & -s_3 & a_3 c_3 \\ s_3 & 0 & c_3 & a_3 s_3 \\ 0 & -1 & 0 & 0 \\ 0 & 0 & 0 & 1 \end{bmatrix};$$

$$^{3}\boldsymbol{A}_{4} = \begin{bmatrix} c_4 & 0 & s_4 & 0 \\ s_4 & 0 & -c_4 & 0 \\ 0 & 1 & 0 & d_4 \\ 0 & 0 & 0 & 1 \end{bmatrix};$$

$$^{4}\boldsymbol{A}_{5} = \begin{bmatrix} c_5 & 0 & -s_5 & 0 \\ s_5 & 0 & c_5 & 0 \\ 0 & -1 & 0 & 0 \\ 0 & 0 & 0 & 1 \end{bmatrix};$$

$$^{5}\boldsymbol{A}_{6} = \begin{bmatrix} c_6 & -s_6 & 0 & 0 \\ s_6 & c_6 & 0 & 0 \\ 0 & 0 & 1 & d_6 \\ 0 & 0 & 0 & 1 \end{bmatrix};$$

$$n_x = (c_1 c_2 c_3 - c_1 s_2 s_3)(c_4 c_5 c_6 - s_4 s_6) + s_1(s_4 c_5 c_6 + c_4 s_6) + (-c_1 c_2 s_3 - c_1 s_2 c_3)s_5 c_6;$$

$$n_y = (s_1 c_2 c_3 - s_1 s_2 s_3)(c_4 c_5 c_6 - s_4 s_6) - c_1(s_4 c_5 c_6 + c_4 s_6) + (-s_1 c_2 s_3 - s_1 s_2 c_3) s_5 c_6;$$

$$n_z = (-s_2 c_3 - c_2 s_3)(c_4 c_5 c_6 - s_4 s_6) + (s_2 s_3 - c_2 c_3) s_5 c_6;$$

$$o_z = (-s_2 c_3 - c_2 s_3)(-c_4 c_5 s_6 - s_4 c_6) - (s_2 s_3 - c_2 c_3) s_5 s_6;$$

$$o_x = (c_1 c_2 c_3 - c_1 s_2 s_3)(-c_4 c_5 s_6 - s_4 c_6) + s_1(-s_4 c_5 s_6 + c_4 c_6) - (-c_1 c_2 s_3 - c_1 s_2 c_3) s_5 s_6;$$

$$o_y = (s_1 c_2 c_3 - s_1 s_2 s_3)(-c_4 c_5 s_6 - s_4 c_6) - c_1(-s_4 c_5 s_6 + c_4 c_6) - (-s_1 c_2 s_3 - s_1 s_2 c_3) s_5 s_6;$$

$$a_x = -(c_1 c_2 c_3 - c_1 s_2 s_3) c_4 s_5 - s_1 s_4 s_5 + (-c_1 c_2 s_3 - c_1 s_2 c_3) c_5;$$

$$a_y = -(s_1 c_2 c_3 - s_1 s_2 s_3) c_4 s_5 + c_1 s_4 s_5 + (-s_1 c_2 s_3 - s_1 s_2 c_3) c_5;$$

$$a_z = -(-s_2 c_3 - c_2 s_3) c_4 s_5 + (s_2 s_3 - c_2 c_3) c_5;$$

$$p_x = -d_6(c_1 c_2 c_3 - c_1 s_2 s_3) c_4 s_5 - d_6 s_1 s_4 s_5 + (-c_1 c_2 s_3 - c_1 s_2 c_3)(d_4 + d_6 c_5)$$
$$+ a_3 c_1 c_2 c_3 - a_3 c_1 s_2 s_3 + a_2 c_1 c_2 + a_1 c_1;$$

$$p_y = -d_6(s_1 c_2 c_3 - s_1 s_2 s_3) c_4 s_5 + d_6 c_1 s_4 s_5 + (-s_1 c_2 s_3 - s_1 s_2 c_3)(d_4 + d_6 c_5) +$$
$$a_3 s_1 c_2 c_3 - a_3 s_1 s_2 s_3 + a_2 s_1 c_2 + a_1 s_1;$$

$$p_z = -d_6(-s_2 c_3 - c_2 s_3) c_4 s_5 + d_1 + (s_2 s_3 - c_2 c_3)(d_4 + d_6 c_5) - a_3 s_2 c_3 -$$
$$a_3 c_2 s_3 - a_2 s_2 \circ$$

2.4.3　逆运动学

只有在"模块组合方式"界面中，选择全部 6 个模块时才能进行逆运动学分析。机器人的运动学反解存在的区域称为机器人的工作空间，求解机器人逆解的目的也在于要求出机器人的工作空间。

工作空间是操作臂的末端能够到达的空间范围，即末端能够到达的目标点集合。值得指出的是，工作空间应该严格地区分为两类：

1）灵活（工作）空间：指机器人手爪能够以任意方位到达的目标点集合。因此，在灵活空间的每个点上，手爪的指向可任意规定。

2）可达（工作）空间：指模块化机器人手爪至少在一个方位上能够到达的目标点集合。

机器人操作臂运动学反解的数目决定于关节数目和连杆参数（对于转动关节操作臂指的是 θ_i，a_i 和 d_i）和关节变量的活动范围。

在解运动学方程时，碰到的另一问题是解的不唯一（称为多重解）。在工作空间中任何点，机械手能以任意方位到达，并且具有两种可能的位姿，即运动学方程可能有两组解。

根据机器人末端手爪坐标，可求解出变量 θ_1、θ_2、θ_3、θ_4、θ_5、θ_6 的数值，分别如下：

$$\theta_1 = \arctan^{-1}[(-p_y + d_6 a_y)/(-p_x + d_6 a_x)] \tag{3-4}$$

$$\theta_2 = \arctan^{-1}\{[(p_{x1}^2 + p_{y1}^2)^{1/2}(-d_4 c_3 - a_3 s_3) - p_{z1}(-d_4 s_3 + a_3 c_3 + a_2)]/$$
$$[(p_{x1}^2 + p_{y1}^2)^{1/2}(-d_4 s_3 + a_3 c_3 + a_2) + p_{z1}(-d_4 c_3 - a_3 s_3)]\} \tag{3-5}$$

$$\theta_3 = 2\arctan^{-1}\{(-d_4 \pm (d_4^2 + a_3^2 - N^2)^{1/2})/(N + a_3)\} \tag{3-6}$$

$$N = a_3 c_3 - d_4 s_3 = [M - (a_2^2 + a_3^2 + d_4^2)]/2a_2 \tag{3-7}$$

$$M = p_{x1}^2 + p_{y1}^2 + p_{z1}^2 = a_2^2 + a_3^2 + d_4^2 + 2a_2(a_3 c_3 - d_4 s_3) \tag{3-8}$$

$$\theta_4 = \arctan^{-1}\{[-(a_x s_1 - a_y c_1)]/[-(a_x c_1 c_{23} + a_y s_1 c_{23} - a_z s_{23})]\} \tag{3-9}$$

$$\theta_5 = \arctan^{-1}\left\{\left[a_z s_{23} c_4 - a_x(c_1 c_{23} c_4 + s_1 s_4) - a_y(s_1 c_{23} c_4 - c_1 s_4)\right]\right/$$

$$(-a_x c_1 s_{23} - a_y s_1 s_{23} - a_z c_{23})\right\} \tag{3-10}$$

$$\theta_6 = \arctan^{-1}\left\{\left[n_z s_{23} s_4 - n_x(c_1 c_{23} s_4 - s_1 c_4) - n_y(s_1 c_{23} s_4 + c_1 c_4)\right]\right/$$

$$\left[o_z s_{23} s_4 - o_x(c_1 c_{23} s_4 - s_1 c_4) - o_y(s_1 c_{23} s_4 + c_1 c_4)\right]\right\} \tag{3-11}$$

2.4.4 机器人示教—再现过程

本任务所述六自由度模块化关节机器人的示教—再现过程主要由 4 个步骤组成，具体内容如下：

1）机器人示教（Teach Programming）：指操作者把规定的目标动作（包括每个运动部件、每个运动轴动作）一步一步地教给机器人，示教的简繁标志着机器人自动化水平的高低。

2）记忆：指机器人将操作者所示教的各个点的动作顺序信息、动作速度信息、位姿信息等记录在存储器中。存储信息的形式、存储量的大小决定了机器人能够进行操作的复杂程度。

3）再现：指将示教信息再次浮现，即根据需要，将存储器所存储的信息读出，向执行机构发出具体的指令。至于是根据给定顺序再现，还是根据工作情况，由机器人自动选择相应的程序再现这一功能的不同，标志着机器人对工作环境的适应性。

4）操作：指机器人以再现信号作为输入指令，使执行机构重复示教过程规定的各种动作。

在"示教—再现"这一动作循环中，示教和记忆是同时进行的，再现和操作也是同时进行的。这种方式是机器人控制中比较方便和常用的方法之一。示教的方法有很多种，有主从式，编程式，示教盒式等多种。

主从式既是由结构相同的大、小两个机器人组成，当操作者对主动小机器人手把手进行操作控制的时候，由于两机器人所对应关节之间装有传感器，所以从动大机器人可以以相同的运动姿态完成所示教操作。

编程式既是运用上位机进行控制，将示教点以程序的格式输入到计算机中，当再现时，按照程序语句一条一条的执行。这种方法除了计算机外，不需要任何其他设备，简单可靠，适用小批量、单件机器人的控制。

示教盒和上位机控制的方法大体一致，只是由示教盒中的单片机代替了计算机，从而使示教过程简单化。这种方法由于成本较高，所以适用于较大批量的成型产品中。

2.4.5 六自由度模块化关节机器人示教过程

本任务六自由度模块化关节机器人的示教编程与控制过程包括多个步骤，具体内容分别如下：

1）接通控制柜电源。

2）启动计算机，运行机器人软件，出现如图 3-4 所示主界面。

图 3-4 六自由度模块化关节机器人控制主界面

3）在六自由度模块化关节机器人控制主界面上，单击"打开 PMAC"按钮，弹出如图 3-5 所示界面，该界面主要显示机器人 PMAC 运动控制器的连接，即选择机器人利用的运动控制。

4）在六自由度模块化关节机器人的运动控制选择界面上，选择所需的 PMAC 运动控制器，然后单击"OK"，弹出如图 3-6 所示界面，此时表明所选 PMAC 运动控制器已与机器人建立关联。

在图 3-6 界面中，显示出"关闭 PMAC""模块组合方式""空间学计算""模块运动""示教""机器人复位"和"退出程序"按钮，这七部分的详细介绍分别如下所示。其中"示教"部分为本任务中的重点内容，其在"示教—再现"这一动作循环中不可或缺。

图 3-5　六自由度模块化关节机器人的运动控制选择界面

图 3-6　运动控制器与机器人控制系统建立连接后主界面

① 模块组合方式。单击主界面的"模块组合方式"按钮，出现如图 3-7 所示界面，它的功能是确定当前机器人实际选用的运动模块组合方式。

在模块 1~6 中，系统规定这 6 个模块中至少要选取其中两个模块，选择完成后所有未选择模块将不可操作使用。

手爪和电磁吸盘作为机器人末端抓取设备不能同时选择使用，该选择将影响所有涉及手爪（电磁吸盘）操作功能的模块。

选择完成后单击"确定"按钮，放弃本次选择则可单击"取消"按钮。

② 空间学计算。只有在"模块组合方式"界面中选择全部 6 个模块时才能使用此功能。

单击主窗口内的"空间学计算"按钮，出现

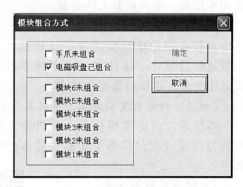

图 3-7　模块组合方式界面

如图 3-8 所示界面，它的主要功能是进行空间学的正解、逆解计算。

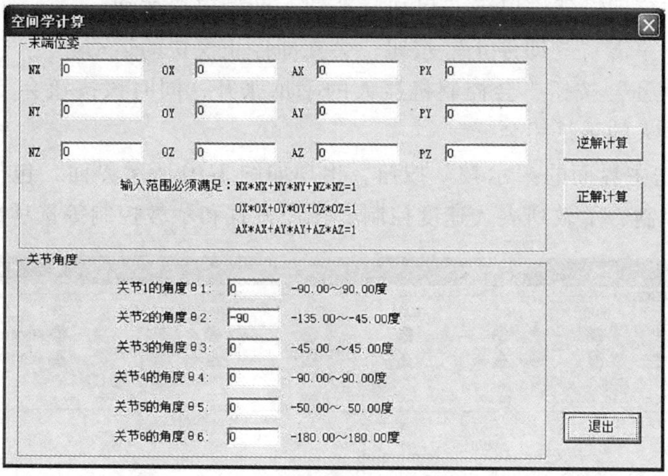

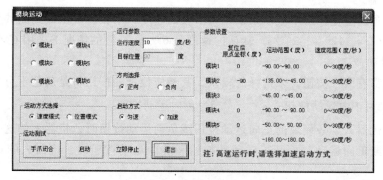

图 3-8　空间学计算界面

a. 正解计算。

正解是已知机器人的各个关节的转角求机器人末端位置和姿态的算法，是机器人运动的基础，是反映机器人位置和姿态的信息通道。

在关节角度处填写各个关节的角度，单击"正解计算"按钮，此时在终点位姿中会显示出对应的末端位姿。

b. 逆解计算。

逆解是已知机器人末端的位置和姿态求机器人各个关节转角的算法，也是机器人运动的基础。由于机器人运动学逆解的不唯一性，就决定了进行求运动学逆解的时候可能得到机器人的一组解。在本机器人的逆运动学分析过程中，机器人的逆解有时具有两组解，但是本软件只是取其中一组解。

在终点位姿中填写末端位姿的各个参数，单击"逆解计算"按钮，此时在关节角度中会显示各个关节的对应角度。

③ 模块运动。

单击主窗口内的"模块运动"按钮，出现如图 3-9 所示界面，可以控制各个模块的运动。

图 3-9　模块运动界面

首先选定要运动的模块，选择运动方式和启动方式，填写运动参数，包括运动速度、目标位置，选择模块方向，然后单击"启动"按钮，开始模块运动。

在运动期间，单击"立即停止"按钮，会立即停止模块的运动。

按下"手爪张开"按钮，会控制机器人的手爪张开，同时该按钮会变为"手爪闭合"，再次单击会使机器人的手爪闭合。

④ 示教。单击主界面的"示教"按钮，出现如图 3-10 所示界面，包括模块状态、当前坐标、模块运动控制、示教列表、速度控制、再现方式和示教控制等选项部分。

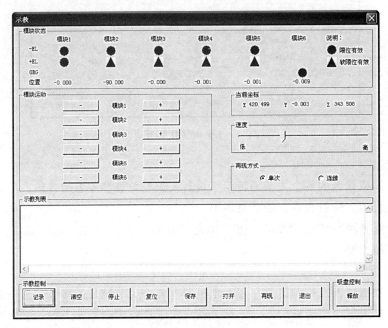

图 3-10　示教界面

a. 模块状态。

在示教过程中实时显示机器人的各个模块所转过的角度值、+EL、-EL、ORG 等信号状态。当信号无效时软件中的图标为绿色，有效时图标变为红色。

b. 当前坐标。

在示教过程中实时显示机器人末端的坐标位置。

c. 速度控制。

速度控制是通过拖拉水平滚动条来调整示教的速度，示教速度由低到高共分为 4 档，分别是 $1.5°/s$、$6°/s$、$12°/s$、$24°/s$，默认的速度是 $6°/s$，一般的情况下采用 $6°/s$ 示教。

d. 模块运动。

每个模块都有两个按钮。未选择的模块，其相应位置的按钮将是灰色不可用状态。

　+　为正向运动按钮；　-　为负向运动按钮。

持续按下机器人某一模块的正向运动按钮或负向运动按钮时，机器人的这个模块就会一直做正向运动或负向运动，松开正向运动按钮和负向运动按钮时，机器人的这个模块运动停止。

使用手爪时：单击"手爪闭合"时，手爪会闭合。

单击"手爪张开"时，手爪会张开。

使用电磁吸盘时：

单击电磁吸盘"吸附"时，电磁吸盘会吸附。

单击电磁吸盘"释放"时，电磁吸盘会释放。

e. 示教控制。

启动控制软件后，观察机器人的各个模块是否在零位，如果不在零位须先复位机器人；利用模块运动的示教按钮对机器人的各个模块进行控制，当控制模块运动到指定位置后，单击"记录"按钮，记录下这个示教点，同时示教列表中也会相应多出一条示教记录；当所有的示教完毕之后，就可以将其保存为一个示教文件进行永久保存，单击"保存"按钮，把示教数据保存起来；需要时单击"打开"按钮，可以加载以前保存的示教文件，加载后示教列表中会显示示教数据的内容，如图 3-11 所示；加载后，选择"再现"方式，如果选择其中"单次"只示教一次，如果选择"连续"，机器人会不断地重复再现示教列表中的动作；对于示教和加载的示教数据可以通过单击"清空"按钮将其清除；在机器人运动过程中，单击"停止"按钮就会停止机器人的运动。

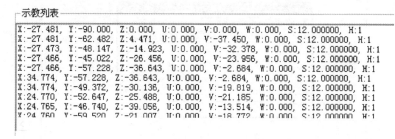

图 3-11 示教列表界面

⑤ 机器人复位　单击主界面的"机器人复位"按钮，机器人各个模块即可复位到运动学零点位置，然后机器人可以进行各种运动。

⑥ 机器人急停　单击主界面的"机器人急停"按钮，会紧急停止正在进行的机器人运动。

⑦ 退出程序　退出软件运行环境。

5）单击主界面"模块组合方式"按钮，按照实际情况选择已组合的模块设备，并单击"确定"按钮。

6）单击主界面"机器人复位"按钮，机器人进行回零运动。观察机器人的运动，所有模块全部运动完成后，机器人处于零点位置。

7）单击"示教"按钮，出现如图 3-10 所示界面。

8）在"速度"中选择示教速度，由左到右、从低速到高速分别为 1.5°/s、6°/s、12°/s、24°/s 共 4 个档，默认是 6°/s，一般情况下建议选择 12°/s。在"模块运动"中有每个关节的正反向运动，持续按下相应模块的按钮，机器人的模块会按照指令运动，松开相应的按钮，机器人的模块会停止运动。

9）在机器人"模块状态"和"当前坐标"中，可以实时显示机器人的运动状态，每运动到一个点，必须单击"记录"按钮，再现时机器人将忽略中间过程而只再现各个点，在"示教列表"中会记录并显示机器人相应模块运动的信息，继续运动其他模块，直到整个示

机器人技术与应用

教程序完成。

10）单击"保存"按钮，示教完的信息以"*.RBT6"格式保存在示教文件中。

11）单击"再现"按钮，机器人按照记录的机器人各模块信息再现一遍运动轨迹。

12）单击"清空"按钮，会把示教列表全部清除。

13）单击"机器人复位"按钮，使机器人回到零点位置。

14）单击"打开"按钮，进入图 3-12 所示界面，在该界面可以打开以前保存的案例程序。在图 3-12 界面中，选择所要的案例程序，然后单击"打开"，进入图 3-13 所示界面，所选择的案例程序内容显示在"示教列表"中。

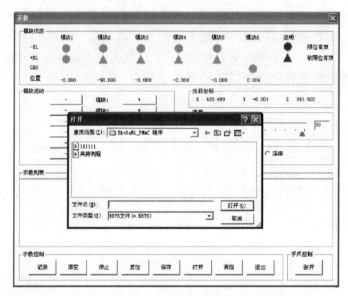

图 3-12　单击"示教控制"→"打开"的界面

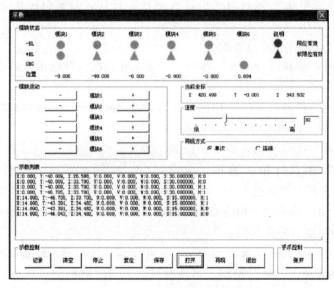

图 3-13　调入以前案例程序后界面

15）单击"退出"按钮，退出当前界面。

16）关闭计算机。

17）断开控制柜电源。

注意事项如下：

1）机器人运动时，身体的任何部位不要进入机器人运动可达范围之内。

2）机器人运动不正常时，及时按下控制柜的急停开关。

任务3 六自由度模块化关节机器人常见故障案例

3.1 任务概述

六自由度模块化关节机器人操作规程与日常维护是确保机器人正常工作的基础，而熟悉并掌握机器人常见故障与解决方法是学生、教师、研究人员等应该具备的技能。本任务主要针对机器人操作规程、日常维护以及常见故障进行了分析与归纳总结，以有助于学生等对其他后续关节式工业机器人技术的技能掌握。

3.2 任务目标

1. 了解六自由度模块化关节机器人操作规程与日常维护。

2. 掌握六自由度模块化关节机器人常见故障以及解决方法。

3.3 任务引入

本着操作者和设备的安全原则、设备维护，本任务针对六自由度模块化关节机器人操作规程和日常维护进行了总结。为使学生、初级科研人员等能够更好地操作六自由度模块化关节机器人，熟悉其常见故障，掌握相应的解决方法，本任务在此也进行了归纳分析，主要包括电磁阀损坏、气泵损坏、运行有杂声等。

3.4 任务实施

3.4.1 六自由度模块化关节机器人操作规程

在六自由度模块化关节机器人操作过程中，必须本着操作者和设备的安全原则。六自由度模块化关节机器人示教编程与控制任务中，具体操作规程如下：

1）操作中保持注意力集中，防止意外发生。

2）在拆装、搬运伺服电动机尾部编码器过程中注意防止磕碰。

3）注意光电开关禁止受外力作用。

4）注意电缆线放置手里松脱。

5）机器人工作空间（可达到范围）内无其他障碍物。

6）电源接通时，操作者一般不得进入机器人工作空间。如有特殊需要进入时，操作者必须保持高度注意，并预留退避躲让的空间。

7）先打开机器人电源，再打开计算机电源。

8）示教结束后要再现，需确保机器人处于初始位置，进行复位。否则得不到理想的工作效果。

9）严格按照规定内容进行示教、再现、编程、运行、诊断和扩展等操作。

10）编程或示教完毕，必须确认无误后，方可运行。

11）操作结束后，对机器人进行一次复位，先关闭计算机电源，再关闭机器人电源。

3.4.2　六自由度模块化关节机器人常见故障

下面总结了六自由度模块化关节机器人常见故障，并给出了相应的解决方案，具体内容如下：

1. 电磁阀损坏

当通电控制时，电磁阀会发出"咔"的声响，表示正常，或者拔出出口气管检查压缩空气是否流出。流出为正常，不流出、无声音代表损坏，可参照电磁阀上面标注的型号购买更换即可。

2. 气管是否被设备压住

虽然气管有线槽保护，但操作者为了实验，经常无法顾及气管是否被其他设备压住，造成气路不通，一时间又很难找到原因，所以应该注意到该方面。

3. 气泵损坏

气泵损坏大多数情况就是因为缺少机油造成过热损坏，所以检查气泵的同时，也要经常注意是否缺少机油。

4. 手爪气缸是否损坏

使用过程中应防止碰撞，避免造成气缸轴变形，难以伸缩自如。

5. 夹持力度不足

1）检查是否有漏气发生，因为一套气动系统有很多辅件，包括各种快插接头等，如果接头没有拧紧，会发生漏气，造成气压不足，无法实现运动。

2）油水分离器气压是否调节，打开气泵，通过调节油水分离器，调节气压到所需压力，方法是向上拉开调节旋钮，然后按元件上面提示方向转动，增大或者减少气压。

6. 机器人运行至限位开关不停止

检查光电开关是否损坏，通电后开关上有红灯亮为正常。并注意开关接线方式，保证发现损坏更换及时。

7. 同步带损坏

运行长时间后，同步带容易损坏，易飞边或拉长，拆装时注意防护。

8. 运行有杂声

检查装配时润滑油内是否有杂质，以及是否有异物进入模块内部。

9. 机器人复位角度差异

检查内部安装螺钉是否松动，使得谐波减速器等部件松动后活动。

10. 某模块不跟随控制

可能由于过载所引起，在发现故障时，及时按下控制柜的急停按钮。如果机器人型号为RBT-6T/S01M，则观察伺服驱动器故障代码，参考伺服驱动器用户手册找出故障原因。然后卸下负载，断开控制柜电源后重新启动系统，如故障没有消失，需详细排查。

3.4.3　六自由度模块化关节机器人日常维护

在六自由度模块化关节机器人的保养、检修作业及配线作业等日常维护中，均必须在切断电源后进行，否则有可能发生触电、人身伤害等事故。机器人具体日常维护归纳如下：

1. 检修间隔及检修项目

正确的检修作业，不仅能使六自由度模块化关节机器人经久耐用，对防止故障和确保安全也是必不可少。各阶段必要的检修项目见表3-2。

表3-2 各阶段必要的检修项目

检修项目	检修间隔	方法	检修、处理内容	检修人员
原点标记	日常	目测	零位指示灯不亮	专业人员、制造公司人员
外部导线	日常	目测	有无损伤、破坏	专业人员、制造公司人员
整体外观	日常	目测	有无硬性损坏	专业人员、制造公司人员
光电开关	日常	软件功能	零位、限位复位状态	专业人员、制造公司人员
	半个月	手动	零位、限位任意位置	专业人员、制造公司人员
底座螺栓	半个月	扳手	有无松动	专业人员、制造公司人员
盖类螺钉	半个月	内六角扳手	有无松动	专业人员、制造公司人员
底部插座	半个月	手触	有无松动	专业人员、制造公司人员
同步带	1个月	手触	带张力、磨损程度	专业人员、制造公司人员
减速器	出现异常		修理、更换	制造公司人员
各轴电动机	出现异常		修理、更换	制造公司人员
大修				制造公司人员

2. 机器人具体的日常维护内容

1）各设备若长时间不使用，需要将机器人运动到初始位置，并用防护装置如塑料布等罩住各设备。如有灰尘，用酒精清洁机器人，并注意防止外露零部件损坏。

2）对零件或电控柜内很难触及的地方，可用空气压缩机（气泵）直连一根气管进行吹洗灰尘，要注意方向。

3）谐波减速器与轴承、丝杠拆装时注意润滑，按照装配规定要求进行。

4）检查有机玻璃罩是否破裂，避免装拆过程中人为因素磕碰、撞击造成的损坏。

5）电源线拆装注意防护，避免划伤造成运行不正常，以及不必要的事故发生。

6）应尽量避免机器人的环境温度和湿度变化过大。

7）对外露的螺钉定期检查是否松动，如果松动则用螺钉旋具或者内六角扳手拧紧固定即可，以防止润滑油密封情况失控，导致机器人运行失控与损坏。

8）机器人航插线以及气管等要放置妥当，避免不必要的损伤，也避免造成人身伤害或人为因素扯断。

9）机器人应用软件时刻注意备份，以免操作者意外改变而造成损失。

10）机器人各光电或机械开关是否正常，并注意开关接线方式，损坏时及时更换。

11）检查急停开关是否异常，以免发生设备不动作、找不到问题的时候发生事故。

12）检查机器人内同步带是否破损。同步带具有一定的使用寿命，使用长时间后每次实验前需要注意检查。

13）如配有气泵，则注意气泵内油量是否如规定的位置，油标内油量在中间左右为正常。因为气泵缺油极易发生故障，所以应该随时注意，避免人为因素使气泵倾斜漏油。如缺油应使用专用 20 号机油从上部进气口补充。

14）各模块内嵌电路板是否有杂物进入，以免造成短路损坏设备。

15）六自由度模块化机器人运动完毕需要复位，保证下次实验正常有序进行，也提高了安全性。

16）注意避免机器人模块本身运动过程中的冲击或者撞击，避免周围有其他物品存在。

17）机器人运行过程中不要随意调整各驱动器，否则造成运行不正常。如果需要操作，也要在专业人员指导下进行。

项目 4 并联机器人

任务 1 并联机器人控制系统构建案例

1.1 任务概述

并联机器人和传统工业用串联机器人在应用方面呈对立统一的关系，和串联机器人相比较，并联机器人具有以下特点：无累积误差，精度较高；驱动装置可置于定平台上或接近定平台的位置，这样运动部分重量轻，速度高，动态响应好；结构紧凑，刚度高，承载能力大；完全对称的并联机构具有较好的各向同性；工作空间较小。根据这些特点，并联机器人在需要高刚度、高精度或者大载荷而无需很大工作空间的领域内得到了广泛应用。

1.2 任务目标

1. 了解并联机器人控制系统的组成。
2. 熟悉并联机器人控制系统各部分的原理及作用。

1.3 任务引入

本着构建开放式并联机器人控制系统的思路，该并联机器人控制系统的构建模式为"PC+Turbo PMAC"，PC 机作为上位机主要完成管理工作，而数控的核心工作由下位机 Turbo PMAC 多轴运动控制器完成，并联机器人控制系统的工作原理如图 4-1 所示。并联机器人的控制比传统机器人的控制更为复杂。传统机器人的每一个自由度均有一套专用的伺服驱动系统，每个自由度的运动是独立的；由于并联机器人具有结构简单，但数学模型复杂的特点，所以必须通过机构的逆运动学进行变换，将虚轴的规划量转换为实轴的控制量，该过程又称为虚实映射。

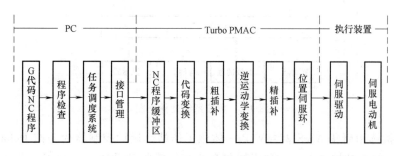

图 4-1 基于 Turbo PMAC 数控系统工作流程

PRS-XY 并联机器人控制系统利用了 Turbo PMAC 提供的运动学计算功能，将逆运动学计算程序下载到 Turbo PMAC 中，并且由 Turbo PMAC 来完成粗插补处理，极大地降低了 PC

与 Turbo PMAC 之间的数据传输量。粗插补采用了时间分割算法，通过 Turbo PMAC 提供的段细分功能实现。精插补采用 Turbo PMAC 内置的三次样条插补功能，以此来提供伺服控制所需的位置指令数据。标准的数控程序可直接进入 Turbo PMAC 中，只需要在 Turbo PMAC 中进行简单的代码转换，就可以替换成 Turbo PMAC 指令格式，由 Turbo PMAC 自动完成粗插补、运动学变换和实轴电动机控制。

控制系统的这种设计方法不仅能有效地解决 PC 与 Turbo PMAC 之间的数据传输瓶颈，使并联机器人控制系统的实时控制不再依赖于 PC 机，而且可充分利用 Turbo PMAC 提供的高性能辅助功能，如 G 代码控制功能和刀具半径补偿功能，降低系统的开发周期，提高整个并联机器人控制系统的可靠性和实时性。

1.4　任务实施

1.4.1　控制系统方案设计

控制系统采用"PC+Turbo PMAC"的开放模式，形成以 PC 机为上位机、Turbo PMAC 多轴控制卡为下位机的分布式控制。硬件配置如图 4-2 所示，主要硬件模块包括工控机、PMAC 卡、I/O 板、伺服驱动和检测、主轴驱动等。控制系统的特点是以 PC 总线工业控制计算机为控制核心，以 Turbo PMAC 多轴控制卡为运动控制模块，形成以 PC 机为上位机、Turbo PMAC 多轴控制卡为下位机的分布式控制。

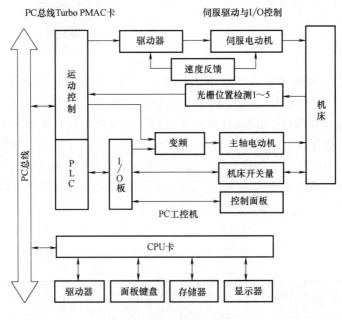

图 4-2　数控系统硬件框图

其中 PC 机选用研华 AWS-2848VTP 一体化工作站，运动控制器为美国 Delta Tau 公司的 Turbo PMAC 多轴运动控制卡。控制系统包含 5 套伺服驱动系统，分别用于并联机构的 3 台直线电动机驱动和串联机构的 2 台交流伺服电动机驱动。采用光栅尺进行位置检测。通过 Turbo PMAC 的 5 个伺服控制通道，实现 5 组伺服系统的闭环控制。利用 Turbo PMAC 的第 6 个伺服通道控制主轴电动机变频器，实现主轴调速。I/O 板连接到 Turbo PMAC 上，通过内置的 PLC 功能控制机器的辅助功能设备、主轴启停、检测机床限位、驱动指示装置和报警装置、检测控制面板输入指令信号等。

1.4.2 数控系统硬件搭建

1. Turbo PMAC 多轴运动控制器

Turbo PMAC 是美国 Delta Tau 公司在 PMAC 的基础上推出的基于工业 PC 和 Windows 操作系统的开放式多轴运动控制器，

它采用了更高速度的 DSP56300 系列数字信号处理器，提供全新的高性能技术和 Windows 平台接口，满足用户在运动控制各个领域的需要。Turbo PMAC 可同时控制 1~32 个轴，实现多轴联动控制。Turbo PMAC 既可单独执行存储于控制器内部的程序，也可执行运动程序和 PLC 程序。它可以自动对任务优先级进行判别，从而进行实时多任务处理。本系统采用的 Turbo PMAC-PCI+OPT1+OPT2，PCI 总线接口，8 轴伺服运动控制，Turbo PMAC 是 PAMC 系列多轴运动控制器的升级版本，其特有的多种开放特性更适合于构建并联机床开放式数控系统。

2. PC 工控机

选用研华 AWS-2848VTP 作为数控系统上位机，完成数控系统的控制管理和任务调度功能。AWS-2848VTP 是一体化工作站，如图 4-3 所示。它集成了 CPU 卡、防水触摸键盘和 15″ TFT 液晶显示器，14-SLOT 底板包含 PCI 和 ISA 总线接口，键盘控制器可实现一体化键盘的管理和功能键的硬件编程定义，LCD 控制器完成对一体化显示器的驱动和转换。选用配置为：内存 256M、硬盘 40G、CPU-P4/1.8G。

图 4-3 AWS-2848VTP 一体化工作站

图 4-4 直线电动机组件

3. 伺服系统

控制系统包含 5 套伺服驱动系统，分别用于并联机构的直线电动机驱动和工作台的两组交流伺服电动机驱动，均采用光栅尺进行位置检测。直线电动机为 TB3810-ES-A4-C0-TH，筒式结构，3 相交流驱动输入，霍尔元件模拟换相，输出推力为 3960/880/223N。图 4-4 为直线电动机组件。驱动器为 Copley 7426AC，霍尔元件换相检测，单相 AC220V 供电，三相驱动输出。交流伺服电动机为 GYS401DC2-T2，最大转速为 3000r/min，三相交流输入，功率为 0.4kW；驱动器为 RYC401D3-VVT2，单相 AC220V 供电，三相驱动输出。光栅尺型号为 RGH22S30D15，分辨力 0.1μm，有零位和双极限检测，DC 5V 供电。通过 Turbo PMAC 的 5 个伺服控制通道，实现 5 组伺服系统的全闭环控制。

4. 主轴系统

主轴系统包括变频调速器和电主轴，变频器为西门子 MM440，功率 2.2kW，单相 220V

机器人技术与应用

供电，三相输出，频率范围为 0～650Hz；电主轴为 80XD24C，最高转速为 24000r/min，功率为 1kW。利用 Turbo PMAC 的第 7 号伺服通道进行变频器的开环控制，实现电主轴无级调速，以支持数控代码中的主轴速度（S 指令）和控制指令（M 指令）。

1.4.3　I/O 控制

实现 I/O 控制的 ACC-34AA 为外置 32 入/32 出输入输出接口板，在每一位进行单独隔离，在输入点有 1ms 的 RC 滤波，连接到 Turbo PMAC 的 JTHW 端口上，与 Turbo PMAC 串行通信，并具有奇偶校验。通过 Turbo PMAC 内置的 PLC 功能控制机器的辅助功能设备、主轴启停、驱动指示装置和报警装置，检测控制面板输入信号等。通过 SW1 开关设置板卡号，多块板级联时，Turbo PMAC 通过板卡号对各板进行识别和访问。本任务使用一块 ACC-34AA 板，配置为漏型输入和输出，并通过 SW1 的 5 个拨动开关将板卡号设为 1，见表 4-1。

表 4-1　ACC-34AA 端口配置表

板卡号	PortA 字节	PortB 字节	SW1-5	SW1-4	SW1-3	SW1-2	SW1-1
#1	0	4	ON	ON	ON	ON	ON

PortA 为 32 位输入（AIO 0～31），地址定义为 TWS：1（PortA 字节+1）；

PortB 为 32 位输出（BIO 0～31），地址定义为 TWS：6（PortB 字节+2）。

TWS 为特殊的 32 位 M 地址变量类型，通过所定义的 M 变量访问 I/O 端口。实际的地址配置和定义见表 4-2，未定义的端口可在以后的功能扩展中使用。

表 4-2　输入/输出端口地址定义

端口	映像地址	M 变量	功能定义
AIO:0	Y:$ 0010F0,0	M_{800}	伺服电源检查（输入）
AIO:1	Y:$ 0010F0,1	M_{801}	数控启动（输入）
AIO:2	Y:$ 0010F0,2	M_{802}	数控暂停（输入）
BIO:0	Y:$ 0010F1,0	M_{900}	报警指示（输出）
BIO:1	Y:$ 0010F1,1	M_{901}	主轴启停控制（输出）
BIO:2	Y:$ 0010F1,2	M_{902}	伺服电源联锁（输出）

从表 4-2 可知，在 ACC-34AA 上只定义了最基本的输入和输出控制，其他输入控制均定义在以下一体化工作站的功能键上。

手动启动按钮（SB3）	I0.2	右移电磁阀	Q0.2
停止按钮（SB4）	I0.3	左移电磁阀	Q0.3

任务 2　并联机器人软件系统开发案例

2.1　任务概述

作为并联机器人的软件系统，实际上是用工业控制计算机完成传统的数控系统的功能，这是一种从硬件数控基础上发展起来的数控技术。作为一种直接操作硬件的软件系统，其实质上是一种实时操作系统。

2.2　任务目标

1. 掌握使用通过运动控制器设计并联机器人的方法。
2. 掌握使用高级开发语言开发控制系统软件的方法与步骤。

2.3　任务引入

友好操作界面不但可以方便用户，也使操作人员心情愉快。由于操作者已习惯传统数控机床操作面板及相关术语和指令系统，因此基于方便用户使用的考虑，在开发混联机床数控系统人机界面时，必须将其工作原理方面的特点隐藏在系统内部，而使提供给用户或需要用户处理的信息尽可能与传统机床一致。这些信息通常包括操作面板的显示、数控程序代码和坐标定义等。

一个完整的数控系统特别是对工作机构非线性要求强的混联数控系统，应该能够提供轨迹仿真，方便操作人员可以发现加工零件的可行性和安全性，以保证在加工过程中不出现机构干涉的现象，保证加工的顺利进行。

对于手动功能的运用，数控软件应该可以根据机床本身的电气特性及机械特性，防止手动加工数控编程中出现错误，将正式加工中的错误减少到最小。

加工过程中应可以显示正在加工的程序段及实时显示加工的零件轨迹，以保证整个加工过程的可控性。

2.4　任务实施

2.4.1　开发工具的选择

本任务采用的是 Microsoft 面向对象的可视化编程软件 VisualC++6.0，仿真模块开发使用的 OpenGL 技术。

开发成功的控制软件需要一个功能强大的开发工具，目前编写基于 Windows 的开发工具主要有 Visual C++（简称 VC）、Visual Basic、Delphi 和 C++Builder 等，尽管后三种开发工具具有简单易学、上手较快的优势，但功能最强大的还是 VC。VC 环境下的编程语言是 C++，它是一种面向对象的程序设计语言。在传统的面向过程的语言（如 C 语言）中，一个程序就是定义一个数据结构，然后编码实现针对这个数据结构的若干操作，这样的设计方式允许大量的全局变量，这就导致了在一些大型项目中程序结构的混乱，而面向对象的程序设计方法正好有效地解决了这个问题。

面向对象的程序设计语言最大特点是对象、类和继承机制。类是创建对象的模板，它包含着所创建对象的状态描述和方法的定义，它的整个描述包含了外部数据接口、内部算法以及数据结构的形式，每个类中部有成员变量和成员函数。抽象一点地讲，成员变量就是类的属性，而成员函数就是类的方法。类是可以继承的，这样就方便了代码的重复使用，编程人员就不必为了一个扩展而重新编写所有的代码。

在 C++ 的类中的成员有三种属性：public（公有成员），protected（保护成员），private（私有成员）；public 成员变量或函数可以在这个类之外的函数中被使用，能够被子类继承，也能够由任意级别的派生类中调用父类的变量或函数；protected 成员变量或函数能够被子类继承，但只有下一级的派生类才能够调用父类的变量或函数；private 成员不能被继承，只有类本身的成员函数才能够调用，对于外部是不可见的。VC 不仅仅是 C++的编译器，它包括了综合的微软基本类（MicrosoftFoundationClass，MFC）库，MFC 向程序设计员提供了面向 Windows 的近 6000 个 API 函数，MFC 为应用程序的开发带来了极大的便利，使 Windows 应用程序的开发成了针对具体应用、以 MFC 为基础的类体系的开发，只要应用程序类体系规划得当，应用程序就可以有一套彼此几乎不存在耦合的类组成。

2.4.2　建立 VC 环境下 PMAC 卡的初始化及数控程序框架

设计开发基于 Windows 的数控软件的目的是为用户提供良好的管理、操作和观察界面，实现与普通加工中心相同的操作特性。上位机系统软件基于 Windows 操作系统平台，采用 Visual C++6.0 开发。

基于 Windows 操作系统下的数控程序必须通过调用动态链接库中的库函数来实现对 PMAC 卡的控制，此功能主要由 PCOMM32.DLL 完成，它是标准的 Windows 动态链接库，它位于 Windows 系统目录下。通过如下代码可以实现运动链接库的定义与注册：

```
#include "runtime. h"
HINSTANCE Runtime Link ( )
{
                                                 //获得 PCOMM32. DLL 句柄
hPmacLib = LoadLibrary( DRIVERNAME) ;
                                                 //获得动态链接库的进程地址
DeviceOpen = ( OPENPMACDEVICE) GetProcAddress( hPmacLib, "OpenPmacDevice" ) ;
DeviceClose = ( CLOSEPMACDEVICE) GetProcAddress( hPmacLib, "ClosePmacDevice" ) ;
                                                 //检验地址的合法性
if( ! DeviceOpen || ! DeviceClose ||) {
                                                 //如果地址错误则返回
return NULL
}
else
return hPmacLib;
}
#define DRIVERNAME TEXT( "PComm32. dll" )
typedef BOOL ( CALLBACK *  OPENPMACDEVICE) ( DWORD dwDevice) ;
typedef BOOL ( CALLBACK *  CLOSEPMACDEVICE) ( DWORD dwDevice) ;
```

为了使 PMAC 卡可以响应数控软件的命令，还需要对 PMAC 卡进行初始化，以确定硬件地址及线程的开启，代码如下：

```
BOOL PRSXYDoc : : InitDocument( LPCTSTR lpszPathName)
{
TCHAR str[ _MAX_PATH], vs[ 30] ,ds[ 30] ;
if( ! m_hPmacLib)
m_hPmacLib = RuntimeLink( ) ;
```

```
if( m_hPmacLib = = NULL)
return FALSE;// We failed to load the library or functions
if( m_bDriverOpen)// Only call OpenPmacDevice( ) once
return TRUE;
m_bDriverOpen = DeviceOpen( m_dwDevice);
if( m_bDriverOpen) {
DeviceGetRomVersion( m_dwDevice,vs,30);
DeviceGetRomDate( m_dwDevice,ds,30);
sprintf( str,TEXT( "V%s %s") ,vs,ds);
SetTitle( str);
return TRUE;
}
else {
AfxMessageBox( "Could not initialize PMAC Comm. ");
SetTitle( TEXT( "Not Linked.. ") );
return FALSE;
}
}
```

由于 PComm32PRO 的设计理念是基于线程安全的，所以数控程序在与 PMAC 卡通信时要求进行线程保护操作。例如一个应用程序读取 I 变量的操作进行时，就不可以同时允许另外一个应用程序也读取相同的变量。PComm32PRO 是通过 LockPmac ( ) 和 ReleasePmac ( ) 两个函数来实现线程的保护工作的。当进行某一操作时开启 LockPmac ( ) 以保护线程不被其他程序打扰，当操作结束时调用 ReleasePmac ( ) 关闭保护。另外，在数控程序的最后要对 PMAC 进行关闭操作，通过以下代码实现：

```
void PRSXYDoc::CloseDocument( )
{
if( m_bDriverOpen)
{
                                                    //关闭 PMAC 线程
m_bDriverOpen = ! DeviceClose( m_dwDevice);
}
if( m_hPmacLib) {// Free the library
FreeLibrary( m_hPmacLib);
m_hPmacLib = NULL;
}
}
```

2.4.3　建立控制系统功能模块

Windows 是非实时的多任务操作系统，但其丰富的系统资源和软件开发效率适合于开发和运行上位多任务调度管理系统。由于已建立了功能强大的 Turbo PMAC 软件系统，因而上

机器人技术与应用

位机软件系统与数控加工程序的实际控制过程无密切关系，数控系统的实时控制并不依赖于上位机操作系统，对系统的实时性要求并不很高。图4-5为 Windows 操作系统支持下的软件系统机制。软件系统采用多任务调度模式开发，根据预定的调度策略调整各功能事件的运行状态。整个软件系统包括三大模块：系统管理模块、机床仿真模块和机床控制模块。

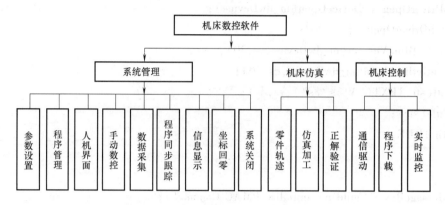

图 4-5　控制系统软件模块

2.4.4　设计控制系统软件人机界面

1. 总体人机界面设计

Windows 平台为界面设计提供了丰富的资源，界面管理是上位机的主要功能。PRS-XY数控系统界面操作功能采用面板键盘和鼠标两种方式，在程序界面中定义了面板键盘的操作功能，操作人员根据习惯选择操作。其中面板键盘操作类似于常规加工中心的操作方式，符合工业产品的设计规范。软件采用 VC 视窗分割技术，将主界面分成为在同一主框架下的主、辅两个子界面，主辅界面下方为按钮显示界面。如图4-6所示，左边的主界面主要用来

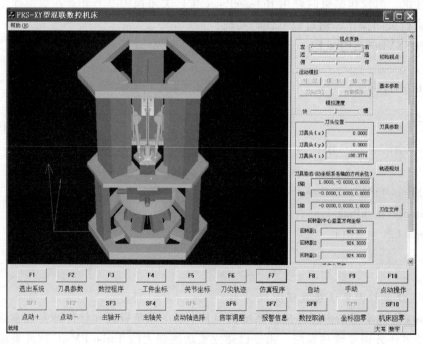

图 4-6　工件坐标显示界面

显示仿真界面、机床数控代码、电动机坐标等。右边辅助界面显示一些操作信息及图形控制等，按钮界面通过按钮实现界面切换等功能。界面分割通过如下程序实现：

```
CRect cr;
BOOL rc;
if (! m_wndSplitter. CreateStatic(this,1,2)) {
TRACE0("Failed to create split bar");
return FALSE; // failed to create
}
GetClientRect(&cr);
CSize paneSize1(700,600);//3 * cr. Width()/5, cr. Height());
((CPRSApp *) AfxGetApp())->m_pDoc = (CPRSDoc *)(pContext->m_pCurrentDoc);
pContext->m_pCurrentFrame = this;
rc = m_wndSplitter. CreateView(0, 0,pContext->m_pNewViewClass,paneSize1, pContext);
if(! rc) return FALSE;
pContext->m_pNewViewClass = RUNTIME_CLASS(Status);
pContext->m_pCurrentDoc = ((CPRSApp *) AfxGetApp())->m_pDoc;
pContext->m_pCurrentFrame = this;
rc = m_wndSplitter. CreateView(0,1,pContext->m_pNewViewClass,paneSize1,pContext);
m_wndSplitter. SetActivePane(0,1);
return rc;
```

2. 手动指令检查

由于指令分析模块主要完成手动数控指令的检查，包括语法检查和数据范围检查。手动指令必须符合本系统规定的代码和功能号，坐标数据不能超过加工范围。检查流程主要为：

1）提取指令中的功能代码字母，检查代码是否为本系统支持的功能。

2）提取功能代码字母后继的代码号或数据，检查代码号或数据是否在本系统支持的范围内。

上述流程循环进行，直到将指令中的代码和数据全部检查完毕。对于自动加工程序的检查，是通过专门的仿真程序完成，以检查程序的语法结构、构件干涉和加工范围。

```
bool CMDA::NCCmdAnalyse(CString & Message,CString Cmd)
{
CString S;
int L;
char ch;
char * str;
//char str[255];
//memset(str,'0',255);
float value = 1;
int a,b,f,i,j,k,l,m,n,r,s,x,y,z;
a=0,b=0,f=0,i=0,j=0,k=0,m=0,n=0,r=0,s=0,x=0,y=0,z=0;
```

```
Cmd. MakeUpper();
S = Cmd;
S. TrimLeft();
S. TrimRight();
L = S. GetLength();
if(L<=0) {Message="无任何代码";return false;}
while(L>0)
{
str = S. GetBuffer(128);
ch = str[0];
switch(ch)
{
case 'A':
if(GetNCCodeValue(value,S)= =false)
{Message="无效代码或数据格式错误";return false;}
if(value>MAX_VALUE_A || value<-1 * MAX_VALUE_A)
{Message="A 轴坐标值超过限制";return false;}
a++;
break;
case 'K': k++;
if(GetNCCodeValue(value,S)= =false)
{Message="无效代码或数据格式错误";return false;}
break;
default:
if(ch>= '0'&&ch<='9') Message="数据无前导代码或数据间有空格";
else Message="无效代码";
return false;
}
if(a>1||b>1||f>1||i>1||j>1||k>1||n>1||r>1||s>1||x>1||y>1||z>1)
{Message="代码非法重复";return false;}
L = S. GetLength();
}
return true;
}
```

3. PMAC 数据采集

对以 PMAC 为运动控制器的数控系统而言，在系统的加工过程中实时显示加工数据、位置参数、及其他相关数据是必不可少的工作，这有利于操作人员随时了解加工情况，及时根据采集回来的数据调整加工参数，从而提高加工效率和加工质量，因此在开发数控系统的时候加入数据实时采集与显示功能是一项十分重要和有意义的工作。Turbo PMAC 自带的软件包（如 PEWIN32）能够实时显示 PMAC 采集回来的部分数据，这在系统调试阶段很有用，但是当 PMAC 应用于 PRS-XY 数控系统时，这些功能往往不能满足用户的需要，通常都要对其功能进行扩展。在本系统上位机软件中定制了专用的数控显示界面，包括机床坐标显示、工作坐标显示及电动机位置实时显示等，如图 4-7 所示。

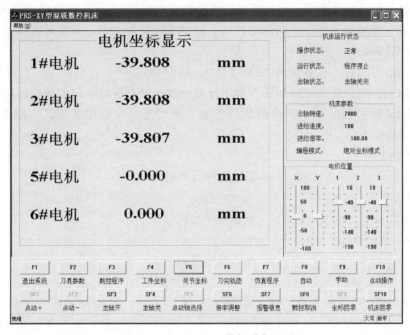

图 4-7　Turbo PMAC 数据采集显示

Turbo PMAC 数据采集主要用到以下 3 个 PComm32 函数，简要介绍如下：

1）BOOLOpenPmacDevice（DWORDdwDevice）：这个函数为应用程序使用 PMAC 打开了一个通道。应用的前提是已经安装调试好动态链接库，并且 PMAC 已经在这个操作环境下注册完毕，能够有效地寻址。其参数 dwDevice 为希望打开的设备号，一般为 0，返回值为 TRUE 则表示链接成功。

2）BOOLClosePmacDevice（DWORDdwDevice）：当程序运行完毕，必须关闭所打开的通道，此函数就是实现了这个功能，参数及返回值的意义与打开通道的函数相同。

3）int PmacGetResponseA（DWORDdwDevice，PCHARresponse，UINT maxchar，PCHARcommand）：发送一个命令字符串（如 "#1j+0" "OpenProg10" "M1620" 等）给 PMAC，并从缓冲区中得到 PMAC 的反应，它能处理大多数与 PMAC 通信的要求，并总能保证命令字符串与反应字符串相匹配，参数 response 是指向存储 PMAC 反应代码的字符串缓冲区的指针；maxchar 是可以传送的字符串的最大字符数；command 是指向所传送字符串的指针。如果函数执行成功，将返回所接收的字符数，包括握手字符。采集过程全部以 Timer 事件进行驱动。

程序实例如下：
```
TCHAR bufX［255］；
char pX［255］；
PmacGetResponse（0，bufX，255，"m162"）；                //显示 1 号电动机坐标
```

sprintf(pX, "%11. 3lf", atof(bufX)/10000/96/32);

SetDlgItemText(IDC_STATICX, pX);

4）程序同步跟踪。程序跟踪模块用于跟踪数控程序在 Turbo PMAC 中的运行过程，并实时显示和标记当前正在执行的数控代码。由于用户程序是以 ISO 标准代码编制，在 Turbo PMAC 中使用了代码转换程序，因此用系统提供的"PE"指令很难捕捉到当前的 G 或 M 代码指令，只能获得转换子程序中的语句在该子程序中的偏置地址，因而无法判断当前正在执行的用户程序代码。

解决问题的方法是，在下载到 Turbo PMAC 的用户程序中，自动在每一行程序前插入标志变量赋值语句，赋值量与对应的用户程序行号一致，但界面显示仍为原始的用户程序。通过标志变量的值即可判断正在执行的代码位置。下面是一个程序实例，实际下载到 Turbo PMAC 中程序内容为：

M5199 = = 1

M03;   原始程序代码行 1

M5199 = = 2

G01 X50Y0;   原始程序代码行 2

M5199 = = 3

G02 I−50;   原始程序代码行 3

……

程序中的 M5199 变量为自动插入的标志变量，" = = "是一种同步赋值格式，因而 M5199 变量称为同步变量。同步变量在预读时不会进行立即赋值，只有在该变量的下一个运动程序块开始实际执行时才进行赋值，保证了 M5199 变量值与当前运行的程序行完全同步，显示界面如图 4-8 所示。

5）机床信息显示。

机床状态和实时轨迹显示的数据全部通过实时监控模块从 Turbo PMAC 中获得，因而保证了在上位机软件重新启动后仍然能进行正常控制操作，并正确显示当前机床状态。

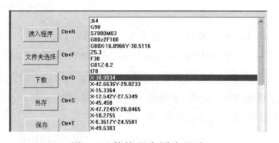

图 4-8　数控程序同步跟踪

① 机床状态显示。

机床状态显示模块是人机界面的主要组成部分，包括基于工件坐标系的刀尖轨迹显示、基于机床坐标系的实轴关节坐标显示、电动机位置状态显示、刀具参数显示、点动增量显示、主轴转速显示、主轴运行状态显示（运行或停止）、操作状态显示（自动、手动或点动）、程序状态显示（运行、停止或暂停）、回零状态显示、进给倍率显示、进给速度显示、编程模式显示（增量坐标编程或绝对坐标编程）、刀补模式显示（左刀补、右刀补或取消刀补）。机床状态显示模块还完成报警状态的显示，有驱动器断电报警、伺服开环错误、致命跟随误差、报警跟随误差、位置极限报警、硬件错误、系统计算错误、程序运行错误、圆弧插补半径错误、刀具姿态超限报警等。故障状态显示界面如图 4-9 所示。

② 实时轨迹显示。

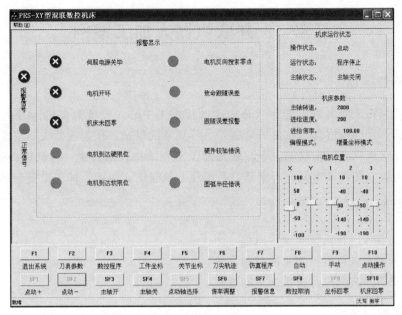

图 4-9 故障状态显示界面

刀尖轨迹界面如图 4-10 所示。

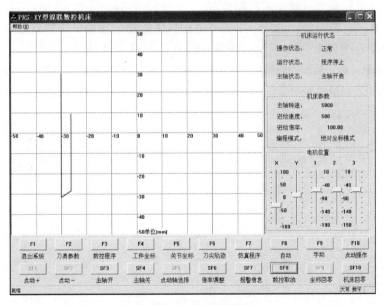

图 4-10 刀尖轨迹界面

在数控程序运行过程中即加工过程中，实时显示虚轴刀尖轨迹和实轴电动机位置轨迹。虚轴刀尖轨迹是相对于工件坐标系的，坐标数据来源于 Turbo PMAC 卡，编程轨迹在卡中经过粗插补得到刀尖虚轴坐标，刀尖轨迹与实际加工过程是同步的，其轨迹形状与编程轨迹一致。实轴电动机位置轨迹数据是通过数据库采集得到的 Turbo PMAC 卡中的电动机实际位置变量，其轨迹反映了所加工零件在 X-Y 平面内的投影关系。

任务 3　并联机器人加工案例

3.1　任务概述

并联机器人在工业上可以作为六自由度数控加工中心，传统数控机床各自由度是串联的，悬臂结构，且层迭嵌套，致使传动链长，传动系统复杂，积累误差大而精度低，成本昂贵。至今多数机床只有四轴联动，而并联式加工中心结构特别简单，传动链极短，刚度大，质量轻，切削效率高，成本低，特别是容易实现六轴联动，因而能加工更复杂的三维曲面。

3.2　任务目标

1. 理解机器人进行机械加工的原理。
2. 了解机器人进行机械加工的控制方法。
3. 了解机器人实际进行机械加工的过程。

3.3　任务引入

并联机器人由于采用 6 根杆支撑，具有刚度大、结构稳定的特点，因此有较大的承载能力；同时由于并联机器人没有误差累积和方法问题，误差小而精度高；另外，并联机器人容易将电动机放置于机座上，减少了运动负荷。

钻孔加工原理：铣刀旋转的同时以垂直方向向下运动，在接触工件后继续向下垂直缓慢运动 $a$mm，就会在工件上铣出一个 $a$mm 深的圆孔，如图 4-11 所示。

沟槽加工原理：铣刀旋转的同时以垂直方向向下运动，在接触工件后继续向下垂直缓慢运动 $a$mm，之后以水平方向进给 $n$mm，就会在工件上铣出一个 $a$mm 深 $n$mm 长的沟槽，如图 4-12 所示。

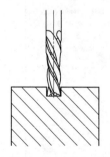

图 4-11　钻孔加工原理图

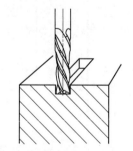

图 4-12　沟槽加工原理图

斜面加工原理：铣刀保持与垂直方向成 α 角度的姿态，沿被加工物件的一个面方向运动，用旋转铣刀铣去物件的棱，这样往复多次铣削，每次铣削掉一层材料，就会在工件上铣出一个成 α 角度的斜面，如图 4-13 所示。

3.4　任务实施

3.4.1　刀具补偿数量级的确定

为了实现此功能首先要定义刀具补偿的数量级，图 4-14 为常用普通铣刀刀具剖面模型，

TR 代表刀柄半径，CCR 代表刀尖圆角半径。

3.4.2　3D 刀具半径补偿的方向

补偿的方向由两个方向矢量决定：

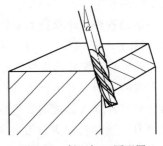

1）工件表面法向矢量：此矢量方向为垂直于所需加工工件的表面，并由表面指向刀具，在运动程序中用 NX、NY、NZ 来表示。由于它的绝对数量由 CCR 来决定，只是用来表明所加工工件表面的位姿，所以可以用工件表面法线方向与

图 4-13　斜面加工原理图

机床坐标系中的 X、Y、Z 夹角的余弦来决定，即 $\vec{N} = (\cos\beta_x, \cos\beta_y, \cos\beta_z)^T$，并且这 3 个方向的余弦只能同时定义，不能只定义其中的一个或两个，这样会导致刀具半径补偿方向出错，发生不可预料的错误。在数控程序中此定义会一直保持到另外一个方向矢量被定义为止，所以在加工表面更换之前都需要重新定义新的加工表面的方向矢量。

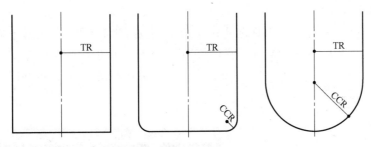

图 4-14　普通铣刀刀具剖面模型

2）向矢量：PRS-XY 型混联数控机床可以实现刀具姿态的变换，在进行 3D 刀具补偿的过程中就需要通过刀具方向矢量对刀具的姿态进行描述，定义方式为：$\vec{T} = (\cos\theta_x, \cos\theta_y, \cos\theta_z)^T$，其中 θ_i 为刀杆与机床坐标轴方向的余弦。

3.4.3　3D 刀具补偿执行过程

在实际加工中，一旦 3D 刀具补偿被指令 CCR 激活，刀具从未加入刀具补偿的点开始到已经加入 3D 刀具半径补偿的点为止，要分两个阶段进刀具补偿运动。首先，第一个偏移补偿将沿着工件表面法向矢量所定义的方向进行运动，机床将 CCR 所对应的数值代入到逆运动学公式中进行计算，沿着工件表面法向矢量所定义的方向控制伺服电动机带动刀具进行相应的走行，从而达到补偿 CCR 的目的，如图 4-15 所示。

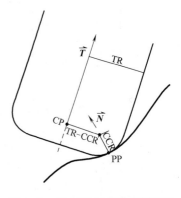

实现方法为：CCR｛date｝NX｛$\cos\beta_x$｝NY｛$\cos\beta_y$｝NZ｛$\cos\beta_z$｝

图 4-15　3D 刀具补偿执行原理图

PP—编程点　CP—补偿后刀具中心
位置　$\vec{T}$—工件表面法向矢量
$\vec{N}$—刀具方向矢量　CCR—刀尖
圆角半径　TR—刀杆半径

第二个偏移补偿将在与第一个偏移运动相同的平面内，沿着垂直于刀具方向矢量并指向刀具中心的方向进行，偏移距离为 $\Delta l = TR-CCR$，机床同样根据逆运动学对偏移量进行

计算，最后重新计算出相应补偿后刀具中最后所处位置，从而控制刀具进行补偿运动。

运动程序具体执行如下：

TR ｛date｝ TX（$\cos\theta_x$） TY（$\cos\theta_y$） TZ（$\cos\theta_z$）

3.4.4 3D 刀具偏移轨迹验证

实验采用刀杆半径为 $\phi3mm$ 的直柄立铣刀，故 CCR = 0，TR = 3，工件水平装夹在工作台，令刀具绕 X 轴顺时针方向偏转 20°，根据右手定则即 $\alpha = -20°$，示意图如图 4-16a 所示。其中 O 点为坐标原点，刀尖未补偿位置为 PP（0，0，5），CP 点为补偿后刀尖位置。当刀具中心运动到 PP 点后，执行补偿语句：

CC3 TR3 CCR0 NX0 NY0 NZ1 TY（cos70°） TX0 TZ（cos20°）；

最后再执行"Z5"运动指令，表面上机床并不运动，但是实际上机床会按照前述原理控制刀具进行补偿运动，即刀具中心由 PP 点运动到 CP 点，CP 为补偿后刀尖所在位置（0，−2，8191，6.0226）。图 4-16b 为机床刀具中心实际位置示意图，并且与几何计算分析相一致，达到补偿目的。

补偿语句如下：

Z5 ／＊刀具运动到(0,0,5)位置,并不产生 3D 刀具半径补偿运动＊／

CC3 TR3 CCR0 NX0 NY0 NZ1 TY(cos70°) TX0 TZ(cos20°)

／＊加入补偿语句,设定补偿距离与方向＊／

Z5 ／＊补偿运动＊／

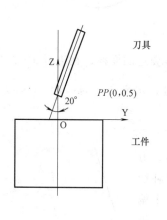

a) 未补偿刀尖点位置与姿态

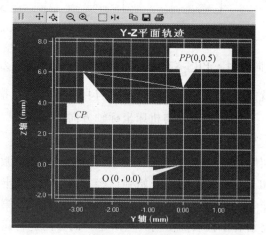

b) 补偿后刀尖点实际位置

图 4-16 3D 刀具偏移轨迹验证

实际操作步骤如下：

将工件装在夹具上固定好，启动电主轴冷却泵。

1）启动计算机，运行机器人软件。

2）接通控制柜电源，按下"启动"按钮。

3）单击主界面"机器人复位"按钮，机器人进行回零运动，运动完成后，机器人处于零点位置。

4）在主界面中单击"斜面加工"按钮，出现如图4-17所示界面。

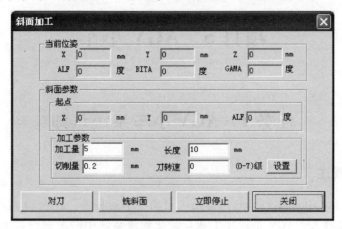

图4-17 斜面加工界面

5）设置"刀转速"为7级，单击"设置"按钮，使铣刀开始旋转。

6）待铣刀达到转速后单击"对刀"按钮，出现如图4-18所示的微调界面。

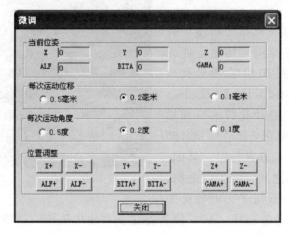

图4-18 微调界面

7）根据工件和铣刀的实际位置关系，逐次单击"X+""X-""Y+""Y-""Z+""Z-""ALF+""ALF-"按钮调整铣刀到物件的上表面X轴最小、Y轴最大附近位置，再逐次单击"Z-"按钮微调，直到将铣刀头调整到恰好接触工件上表面X轴最小、Y轴最大位置，如图4-19所示。调整完毕后单击"关闭"按钮，回到斜面加工界面。

8）单击"铣斜面"按钮，观察铣斜面过程。

9）在主界面中单击"回停机位"按钮，使机器人回到零停机位。

10）单击控制柜上的"停止"按钮，断开控制柜电源。

11）退出机器人软件，关闭计算机。

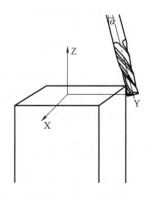

图4-19 铣刀位置示意图

项目 5　AGV 小车

任务 1　AGV 小车系统认知

1.1　任务概述

AGV（Automatic Guided Vehicle）即是"自动导引运输车"，是 20 世纪 50 年代发展起来的智能搬运型机器人。AGV 是现代工业自动化物流系统中的关键设备之一，它是以电池为动力，装备有电磁或光学等自动导航装置，能够独立自动寻址，并通过计算机系统控制完成无人驾驶及作业的设备。AGV 实物图如图 5-1 所示。

自从 1913 年美国福特汽车公司使用有轨底盘装配车，1954 年英国采用地下埋线电磁感应导向车以来，到 20 世纪 90 年代全世界拥有 AGV（Automated Guided Vehicles）10 万台以上。近年来，自动化技术呈现加速发展的趋势，国内自动化立体仓库和自动化柔性装配线进入发展与普及阶段。其中，在自动仓库与生产车间之间，各工位之间，各段输送线之间，AGV 承担了无可替代的

图 5-1　AGV 实物图

重要作用，与传统的传送带相比，AGV 输送路线具有施工简单、路径灵活、不占用空间、较好的移动性和柔性等优点。国外的 AGV 系统设计、应用水平都比较高，应用范围也很广泛。国内的应用相对少一些，但是在各方面的共同努力下，国内的 AGV 系统的设计水平和应用水平正在朝接近国际先进水平方向发展。

1.2　任务目标

1. 了解 AGV 的国内外发展情况，特点和类型。
2. 掌握 AGV 的结构组成，导引原理和主要技术参数。
3. 了解自动导引车系统在生产物流中的应用。

1.3　任务引入

为使学生、教师、研究人员等能够充分了解 AGV 的结构组成和掌握 AGV 的使用方法，本任务将结合国内外关于 AGV 的研究情况具体介绍 AGV 的特点、类型和主要技术参数，并详细介绍 AGV 的导引原理和结构组成。

1.4　任务实施

1.4.1　AGV 小车概述

根据美国物流协会定义，AGV（Automated Guided Vehicle）是指装备有电磁或光学导引装置，能够按照规定的导引路线行驶，具有小车运行和停车装置、安全保护装置以及具有各种移载功能的运输小车。AGV 实物如图 5-2 所示。

我国国家标准《物流术语》中，对 AGV 和 AGVS 的定义为：

AGV：装有自动导引装置，能够沿规定的路径行驶，在车体上具有编程和停车选择装置、安全保护装置以及各种物料移载功能的搬运车辆。

图 5-2　AGV 实物图

AGVS：多台 AGV 小车在控制系统的统一指挥下，组成一个柔性化的自动搬运系统，称为自动导引车系统，简称 AGVS。

1. AGV 的国内外发展情况

世界上第一台 AGV 是由美国 Barrett 电子公司于 20 世纪 50 年代初开发成功的，它是一种牵引式小车系统，可十分方便地与其他物流系统自动连接，显著地提高劳动生产率，极大地提高了装卸搬运的自动化程度。1954 年英国最早研制了电磁感应导向的 AGVS，由于它的显著特点，迅速得到了应用和推广。1960 年欧洲就安装了各种形式、不同水平的 AGVS 220 余套，使用了 AGV 1300 多台。1976 年，我国起重机械研究所研制出第一台 AGV，建成第一套 AGVS 滚珠加工演示系统，随后又研制出单向运行载重 500kg 的 AGV，双向运行载重 500kg、1000kg、2000kg 的 AGV，开发研制了几套较简单的 AGV 应用系统。1999 年 3 月 27 日，由昆明船舶设备集团有限公司研制生产的激光导引无人车系统在红河卷烟厂投入试运行，这是在我国投入使用的首套激光导引无人搬运车系统。

目前，国内外 AGV 有两种发展模式：第一种是以欧美国家为代表的全自动 AGV 技术，这类技术追求 AGV 的自动化，几乎完全不需要人工的干预，路径规划和生产流程复杂多变，能够运用在几乎所有的搬运场合。这些 AGV 功能完善，技术先进；同时为了能够采用模块化设计，降低设计成本，提高批量生产的标准，欧美的 AGV 放弃了对外观造型的追求，采用大部件组装的形式进行生产；系列产品的覆盖面广，各种驱动模式，各种导引方式，各种移载机构应有尽有，系列产品的载重量为 50~60000kg（60t）。尽管如此，由于技术和功能的限制，此类 AGV 的销售价格仍然居高不下。此类产品在国内有为数不多的企业可以生产，技术水平与国际水平相当。

第二种是以日本为代表的简易型 AGV 技术——或只能称其为 AGC（Automated Guided Cart），该技术追求的是简单实用，极力让用户在最短的时间内收回投资成本，这类 AGV 在日本和中国台湾企业应用十分广泛，从数量上看，日本生产的大多数 AGV 属于此类产品（AGC）。该类产品适合简单的生产应用场合（单一的路径、固定的流程），AGC 只是用来进行搬运，并不刻意强调 AGC 的自动装卸功能，在导引方面多数只采用简易的磁带导引方式。由于该产品技术门槛较低，目前国内已有多家企业可生产此类产品。

AGVS 的特点：

1）机电一体化。

2）自动化。

3）柔性化。

4）准时性。

5）常常是自动化仓储系统的重要组成部分。

2. AGV 的类型

按照导引原理的不同，分为固定路径导引和自由路径导引两大类型。

（1）固定路径导引　在事先规划好的运行路线上设置导向的信息媒介，如导线、光带等，通过 AGV 上的导向探测器检测到导向信息（如频率、磁场强度、光强度等），对信息实时处理后，用以控制车辆沿规定的运行线路行走的导引方式。

（2）自由路径导引　事先没有设置固定的运行路径，AGVS 根据搬运任务要求的起讫点位置，计算机管理系统优化运算得出最优路径后，由控制系统控制各个 AGV 按照指定的路径运行，完成搬运任务。

按照用途和结构分类，AGV 分为无人搬运车、无人牵引车和无人叉车。

（1）无人搬运车　主要用于完成搬运作业，采用人力或自动移载装置将货物装载到小车上，小车行走到指定地点后，再由人力或自动移载装置将货物卸下，从而完成搬运任务。

具有自动移载装置的小车在控制系统的指挥下能够自动地完成货物的取、放以及水平运行的全过程，而没有移载装置的小车只能实现水平方向的自动运行，货物的取放作业需要依靠人力或借助于其他装卸设备来完成。

（2）无人牵引小车　主要功能是自动牵引装载货物的平板车，仅提供牵引动力。当牵引小车带动载货平板车到达目的地后，自动与载货平板车脱开。

（3）无人叉车　其基本功能与机械式叉车类似，只是一切动作均由控制系统自动控制，自动完成各种搬运任务。无人叉车如图 5-3 所示。

图 5-3　无人叉车实物图

1.4.2　AGV 小车的结构组成

AGV 由车载控制系统、车体系统、导航系统、行走系统、移载系统和安全与辅助系统、控制台及通信系统组成。AGV 小车组成结构如图 5-4 所示。

1. 车载控制系统

车载控制系统是 AGV 的核心部分，一般由计算机控制系统、导航系统、通信系统、操作面板及电

动机驱动器构成。计算机控制系统可采用 PLC、单片机及工控机等。导航系统根据导航方式不同可分为电磁导航、磁条导航、激光导航和惯性导航等不同形式。通过导航系统能使 AGV 确定其自身位置，并能沿正确的路径行走。通信系统是 AGV 和控制台之间交换信息和命令的桥梁，由于无线电通信具有不受障碍物阻挡的特点，一般在控制台和 AGV 之间采

用无线电通信，而在 AGV 和移载设备之间为了定位精确采用光通信。操作面板的功能主要是在 AGV 调试时输入指令，并显示有关信息，通过 RS232 接口和计算机相连接。AGV 上的能源为蓄电池，所以 AGV 的动作执行元件一般采用直流电动机、步进电动机和直流伺服电动机等。

2. 车体系统

车体系统包括底盘、车架、壳体和控制器、蓄电池安装架等，它是 AGV 的躯体，具有电动车辆的结构特征。

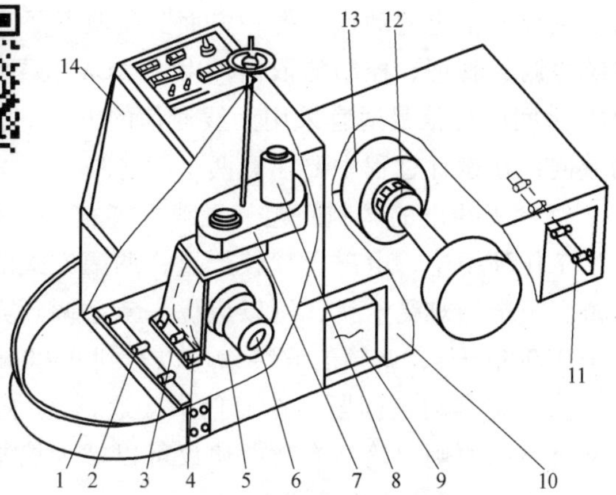

3. 导航系统

AGV 导航系统的功能是保证 AGV 小车沿正确路径行走，并保证一定的行走精度。AGV 的制导方式按有无导引路线可分为两种，固定路径导引方式和自由路径导引方式。

图 5-4　AGV 小车结构组成

1—安全挡圈　2、11—认址线圈　3—失灵控制线圈　4—导向探测器　5—转向轮　6—驱动电动机　7—转向机构　8—导向伺服电动机　9—蓄电池　10—车架　12—制动器　13—驱动车轮　14—车上控制器

4. 行走系统

它一般由驱动轮、从动轮和转向机构组成，形式有三轮、四轮、六轮及多轮等，三轮结构一般采用前轮转向和驱动，四轮或六轮一般采用双轮驱动、差速转向或独立转向方式。

5. 移载系统

它是用来完成作业任务的执行机构，在不同的任务和场地环境下，可以选用不同的移载系统，常用的有滚道式、叉车式和机械手式。

6. 安全与辅助系统

为了避免在系统出故障或有人员经过 AGV 工作路线时出现碰撞，AGV 一般都带有障碍物探测及避撞、警音、警视、紧急停止等装置。另外，还有自动充电等辅助装置。

7. 控制台

控制台可以采用普通的 IBM-PC 机，如条件恶劣时，也可采用工业控制计算机，控制台通过计算机网络接收主控计算机下达的 AGV 输送任务，通过无线通信系统实时采集各 AGV 的状态信息。根据需求情况和当前各 AGV 运行情况，将调度命令传递给选定的 AGV。AGV 完成一次运输任务后在待命站等待下次任务。如何高效地、快速地进行多任务和多 AGV 的调度，以及复杂地形的避碰等一系列问题都需要软件来完成。由于整个系统中各种智能设备都有各自的属性，因此用面向对象设计的 C++语言来编程是一个很好的选择。在编程时要注意的是 AGV 系统的实时性较强，为了加快控制台和 AGV 之间的无线通信以及在此基础上的 AGV 调度，编程中最好采用多线程的模式，使通信和调度等各功能模块互不影响，以加快系统速度。

8. 通信系统

通信系统一方面接收监控系统的命令，及时、准确地传送给其他各相应的子系统，完成

监控系统所指定的动作；另一方面又接收各子系统的反馈信息，回馈给监控系统，作为监控系统协调、管理、控制的依据。由于 AGV 位置不固定，且整个系统中设备较多，控制台和 AGV 之间的通信最适宜采用无线通信的方式。控制台和各 AGV 就组成了一点对多点的无线局域网，在设计过程中要注意两个问题：

（1）无线电的调制问题　无线电通信中，信号调制可以用调幅和调频两种方式。在系统的工作环境中，电磁干扰较严重，调幅方式的信号频率范围大，易受干扰，而调频信号频率范围很窄，难受干扰，所以应优先考虑调频方式。而且调幅方式的波特率比较低，一般都小于 3200kbit/s，调频的波特率可以达到 9600kbit/s 以上。

（2）通信协议问题　在通信中，通信的协议是一个重要问题。协议的制订要遵从既简洁又可靠的原则。简洁有效的协议可以减少控制器处理信号的时间，提高系统运行速度。

1.4.3　AGV 小车导引原理

AGV 的制导方式按有无导引路线可分为两种，固定路径导引方式和自由路径导引方式。其中，固定路径导引方式是在行驶路径上设置导引用的信息媒介物，AGV 通过检测出它的信息而得到导引的一种方式，包括电磁制导方式、光学控制带制导方式、激光制导方式和超声波制导方式。

1. 电磁制导方式

该方法需在 AGV 行走的路线下埋设专用的电缆线，通以低频正弦波电流，从而在电缆周围产生磁场。AGV 上的电磁感应传感器检测到磁场强度，在小车沿线路行走时，输出磁场强度差动信号，车上控制器根据该信号进行纠偏控制。该方法可靠性高，经济实用，是目前最为成熟且应用最广的导引方式。它的主要缺点是：AGV 路径改变很困难，而且埋线对地面要求较高。电磁制导原理如图 5-5 所示。

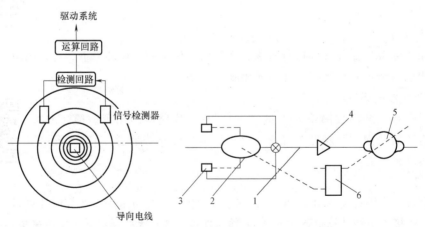

图 5-5　电磁制导原理图

1—导向电线　2—导向轮　3—信号检测器　4—放大器　5—导向电动机　6—减速器

2. 光学控制带导引方式

利用地面颜色与漆带颜色的反差，漆带在明亮的地面上涂为黑色，或在黑暗的地面上涂为白色。小车上装备有发射和接收功能的红外光源，用以照射漆带。小车上装有光学检测器，均匀分布在漆带及两侧位置上，检测不同的组合信号，以控制小车的方向，使其跟踪路轨。可以采用模糊控制算法对小车进行控制，该方法的缺点是：漆带颜色需保持鲜明，否则光学传感器检测到的信号变弱。因此，则需要经常对漆带颜色进行加深工作。光学导引原理如图 5-6 所示。

3. 激光制导方式

该方法是在 AGV 行走路径的特定位置处，安装一批激光/红外光束的反射镜。在 AGV 行驶过程中，车上的激光扫描头不断地扫描周围环境，当扫描到行驶路径周围预先垂直安好的反射板时，即看见了"路标"。只要扫描到三个或三个以上的反射板，即可根据它们的坐标值以及各块反光板相对于车体纵向轴的方位角，计算出 AGV 当前在全局坐标系中的 X、Y 坐标和当前行驶方向与该坐标系 X 轴的夹角，实现

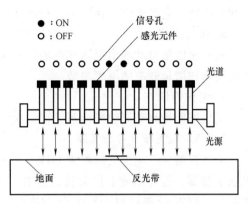

图 5-6　光学导引原理图

准确定位和定向。该导引方法的特点是，当提供了足够多反射镜面和宽阔的扫描空间后，AGV 导引与定位精度十分高。该方法的缺点是成本昂贵，传感器、反射装置等设备安装复杂，且计算也很复杂。

4. 超声波制导方式

该方法类似于激光/红外线测量方法，不同之处在于不需要设置专门的反射镜面，而是利用一般的墙面或类似物体就能进行引导，因而在特定环境下提供了更大的柔性和低成本的方案。但由于反射面大，在制造车间环境下应用常常有困难。

另外，AGV 的自由路径导引方式在导引车顶部装置一个沿 360°方向按一定频率发射激光的装置。同时在 AGV 四周的一些固定位置上放置反射镜片。当 AGV 运行时，不断接收到从三个已知位置反射来的激光束，经过简单的几何运算，就可以确定 AGV 的准确位置，控制系统根据 AGV 的准确位置对其进行导向控制。

1.4.4　AGV 小车的主要技术参数

1. 额定载重量

额定载重量是自动导引搬运车所能承载货物的最大重量。AGV 的载重量范围在 50~20000kg，以中小型吨位居多。根据日本的调查，目前使用的 AGV 载重量在 100kg 以下的占 19%，载重量在 100~300kg 的占 22%，300~500kg 的占 9%，500~1000kg 的占 18%，1000~2000kg 的占 21%，2000~5000kg 的占 8%，而 5000kg 以上的数量极少。

2. 自重

自重是指自动导引搬运车与电池加起来的总重量。

3. 车体尺寸

车体尺寸是指车体的长、宽、高外形尺寸。该尺寸应该与所承载货物的尺寸和通道宽度相适应。

4. 停位精度

停位精度指 AGV 到达目的地址处并准备自动移载时所处的实际位置与程序设定的位置之间的偏差值（mm）。这一参数很重要，是确定移载方式的主要依据，不同的移载方式要求不同的停位精度。

5. 最小转弯半径

最小转弯半径指 AGV 在空载低速行驶、偏转程度最大时，瞬时转向中心到 AGV 纵向中

心线的距离。它是确定车辆弯道运行所需空间的重要参数。

6. 运行速度

运行速度指自动导引搬运车在额定载重量下行驶时所能达到的最大速度。它是确定车辆作业周期和搬运效率的重要参数。

7. 工作周期

工作周期指自动导引搬运车完成一次工作循环所需的时间。

1.4.5 物流信息管理系统

激光自动导引车系统简称为 LGV（Laser Guided Vehicle）管理系统。图 5-7 所示为系统组成示意图，包含企业上位物流信息管理系统、LGV 管理主机、若干台 LGV、智能充电机和现场信号中继器等部分。

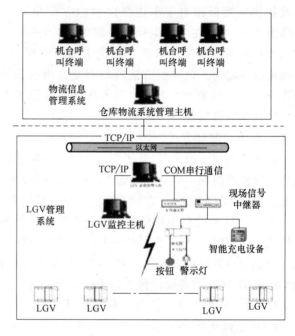

图 5-7　LGV 管理系统组成示意图

1. 物流信息系统管理

根据生产作业和各操作机台的呼叫情况向 LGV 管理系统的管理主机发送搬运任务的指令信息，并接收 LGV 管理主机对作业指令执行情况的信息。操作台呼叫终端的数量根据实际需要配置，其任务是根据作业需要，实现与 AGV 之间的信息沟通。主要功能为：生产任务的显示、生产物料的出库请求、生产退料的入库请求、生产过程中半成品的入库请求等。

2. LGV 管理系统

它主要负责作业任务分配、车辆调度、交通管理、电池充电等功能。它主要由 LGV 管理主机的主控服务软件和现场信号集中器、智能充电机等组成。LGV 管理主机负责处理命令接收、命令执行、相关参数的传输和小车的监控，这些命令主要包括：指派 AGV 小车、AGV 小车最优行进路径的搜索、取货、卸货操作、AGV 小车的监控、多台 AGV 小车的交通管理、无任务 AGV 小车的处理、AGV 小车异常情况的处理、AGV 状态监控等。其中，AGV 状态监控采用独立的监控工作站，可动态实时显示各 AGV 的工作位置及运行状态，并实时报告 AGV 出现的故障信息。在紧急情况下也可通过 AGV 监控工作站指派特定的 AGV 执行特定的任务。

任务 2　AGV 小车机械结构设计

2.1　任务概述

本任务主要介绍了如何设计一辆前后轮分别独立驱动的小车，后轮用步进电动机驱动，实现动力源，前轮由伺服电动机驱动，实现转向。

所设计的一辆四轮 AGV 小车由电动机带动差动齿轮驱动后轮，前轮由电动机直接控制实现转向的，并建立了所需要的运动学方程，动力学方程能够为 AGV 的建模、车体结构、刚度设计和路径跟踪控制提供理论依据。然后设计小车的机械部分，小车的基本零件和速度、承重都要合适，通过不同的要求有不同的选择，经过合理的计算，选择合适的驱动电动机、转向电动机、前后轮轴、锥齿轮的尺寸型号。

2.2 任务目标

1. 掌握建立 AGV 小车运动学方程的方法。
2. 掌握 AGV 小车机械部分的设计方法。

2.3 任务引入

本任务以天津博诺智创机器人技术有限公司研发的 AGV 小车（BNRT-AGV）为例，介绍了一辆前后轮分别独立驱动的小车的设计方法，后轮用步进电动机驱动，实现动力源，前轮由伺服电动机驱动，实现转向，并建立其动力学方程。天津博诺智创机器人技术有限公司生产的 AGV 小车如图 5-8 所示，外观面板包含一体机屏幕、急停、启动、停止、工作灯、故障灯（自带喇叭）、前灯和后灯。

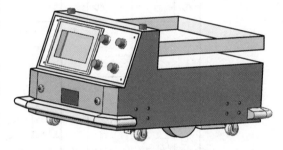

图 5-8 AGV 小车外观示意图

2.4 任务实施

2.4.1 AGV 系统结构设置与动力学建模

1. AGV 系统结构设置

AGV 小车的模型如图 5-9 所示。小车采用前后轮独立驱动的模式，后轮由电动机带动齿轮传动，给予合适的动力源；前轮由电动机带动直推轴焊接横轴来实现转向。四轮结构与三轮结构相比有较大的负载能力和平稳性。

由于采用了两轮独立驱动差速转动的方式，因此两个驱动车轮速度的同步性成为车辆稳定运行的一个重要指标。鉴于此，齿轮减速结构与车轮通过柔性联轴器来连接。

2. AGV 小车的动力学建模

根据 AGV 车体动力学模型，可以得到直接的电动机输入与行走、导向车轮转速的非线性耦合关系，这将对指导

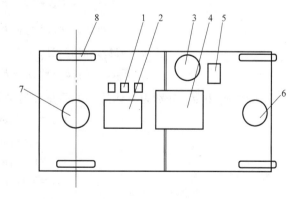

图 5-9 AGV 小车的模型图

1—蓄电池组 2、6—伺服交流电动机 3—激光扫描仪 4—车载控制器 5—无线通信装置 7—减速器 8—驱动车轮

车体机械结构设计、路径规划以及合理的路径跟踪控制规律设计有重要而且深远的意义。由

于 AGV 实际运用中在较严格的地面环境中，车速较低，对加速度也进行了限定，不会发生明显的车体"上跳"运动的现象，因此可以在二维空间来研究其动力学模型。现以后轮由电动机带动齿轮来实现动力驱动的方式传递力矩，前轮则为由电动机直接带动轴的转动从而达到转动的方式来实现转向的 AGV 为例，建立动力学模型。

车体运动建模：车体受力的示意图如图 5-10 所示。图中 L、A 为驱动左后轮和驱动右后轮与车体的连接处。图中的 R、B 为导向左前轮和导向右前轮与车架连接处的垂直点。车体在 L、R、A 和 B 处分别受到图示沿 X、Y 轴方向的阻力和沿 Z 轴方向的转矩。C 为车体的重心，通过 C 建立起瞬时惯性坐标系 O-XYZ，X 轴则平行于 L=R 的连线，Z 轴垂直于车体的平面。b_1、b_2、a_1、a_2、c_1、c_2 为车体集合参数，v_x、v_y 和 w 分别表示车体质心的 X 向、Y 向的速度和 Z 向的角速度。

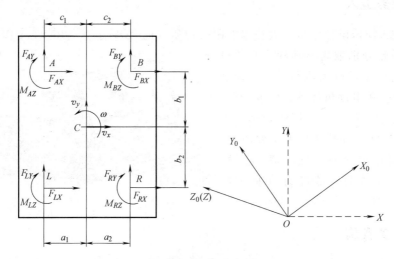

图 5-10 车体受力图

在经过了上述的假设基础之上，我们得到车体动力学方程

$$m_c \dot{v}_x = F_{AX} + F_{BX} + F_{LX} + F_{RX} \tag{5-1}$$

$$m_c \dot{v}_y = F_{AY} + F_{BY} + F_{LY} + F_{RY} \tag{5-2}$$

$$j_c \dot{w} = -M_{AZ} - M_{BZ} - M_{RZ} - F_{AX}b_1 - F_{AY}c_1 - F_{BX}b_1 +$$
$$F_{BY}c_2 + F_{LX}b_2 - F_{LY}a_1 + F_{RX}b_2 + F_{RY}a_2 \tag{5-3}$$

上式中 m_c 和 j_c 分别为车体质心的质量和转动惯量。车体前轮 A、B 处的运动方程为

$$v_{AX} = v_x - b_1\omega \tag{5-4}$$

$$v_{AY} = v_y - c_1\omega \tag{5-5}$$

$$v_{BX} = v_x - c_1\omega \tag{5-6}$$

$$v_{BY} = v_y + c_2\omega \tag{5-7}$$

$$\dot{v}_{AX} = \dot{v}_x - b_1\dot{\omega} + c_1\omega^2 \tag{5-8}$$

$$\dot{v}_{AY} = \dot{v}_y - c_1\dot{\omega} - b_1\omega^2 \tag{5-9}$$

$$\dot{v}_{BX} = \dot{v}_x - b_1\dot{\omega} - c_2\omega^2 \tag{5-10}$$

$$\dot{v}_{BY} = \dot{v}_y + c_2\dot{\omega} - b_1\omega^2 \tag{5-11}$$

车体 L 和 R 处运动的方程为

$$v_{LX} = v_x + b_2 \omega \tag{5-12}$$

$$v_{LY} = v_y - a_1 \omega \tag{5-13}$$

$$\dot{v}_{LX} = \dot{v}_x + b_2 \dot{\omega} + a_1 \omega^2 \tag{5-14}$$

$$\dot{v}_{LY} = \dot{v}_y - a_1 \dot{\omega} + b_2 \omega^2 \tag{5-15}$$

$$\dot{v}_{RY} = \dot{v}_x + b_2 \omega \tag{5-16}$$

$$\dot{v}_{RY} = \dot{v}_y + a_2 \omega \tag{5-17}$$

$$\dot{v}_{RX} = \dot{v}_x + b_2 \dot{\omega} - a_2 \omega^2 \tag{5-18}$$

$$\dot{v}_{RY} = \dot{v}_y + a_2 \dot{\omega} + b_2 \omega^2 \tag{5-19}$$

3. 驱动后轮的运动建模

左后轮受力图如图 5-11 所示。图中瞬时惯性坐标系 $L\text{-}X_L Y_L Z_L$ 与图 5-10 的方向是一致的，可以认为是由 $O\text{-}XYZ$ 平移到 L 点从而形成的坐标系，F_{LX}、F_{LY}、M_{LZ} 与图 5-10 中的 F_{LX}、F_{LY}、M_{LZ} 相对应，它们是车体与左轮之间大小相等、方向相反的作用力（力矩）和反作用力（力矩）。M_{LZ} 是驱动电动机经过齿轮减速后传递给左轮的驱动力矩，M_{SL} 是轴承对左轮的摩擦阻力矩，M_{LV} 是滚动阻力矩，$\overline{F}_{LX}$ 是地面对左轮的侧滑动摩擦力，$\overline{F}_{SL}$ 是轴承对左轮的滚动摩擦力，$\overline{M}_{LZ}$ 是地面对车轮的扭矩摩擦力矩，ω_L 是左后轮的转动角速度（X_L 为转动轴）。

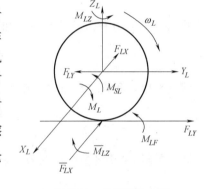

图 5-11 左后轮受力图

左后轮动力学方程为

$$m_L \dot{v}_{LX} = -F_{LX} - \overline{F}_{LX} \tag{5-20}$$

$$m_L \dot{v}_{LY} = -F_{LY} + \overline{F}_{LY} \tag{5-21}$$

$$J_{LX} \dot{\omega}_L = M_L - M_{SL} - \overline{F}_{LY} R_L - M_{LF} \tag{5-22}$$

$$J_{LZ} \dot{\omega}_{LZ} = M_{LZ} - \overline{M}_{LZ} \tag{5-23}$$

上式中，m_L、J_{LX}、J_{LZ}、R_L 分别是左后轮的质量以及其沿着旋转轴 X_L 的转动惯量、沿着 Z_L 轴的转动惯量和半径。v_{LX}、v_{LY} 为其在 $L\text{-}XYZ$ 坐标下的速度，这与车体对应点的速度是同一值。W_{LZ} 是左后轴沿 Z_L 轴的转动角速度。

对于右后轮来说，传动齿轮啮合是在轴中心处，因此左右轮受的力是相同的，建立类似的动力学方程为

$$M_R \dot{v}_{RY} = -F_{RX} - \overline{F}_{RX} \tag{5-24}$$

$$M_R \dot{v}_{RY} = -F_{RY} + \overline{F}_{RY} \tag{5-25}$$

$$J_{RX} \dot{\omega}_R = M_R - M_{SR} - \overline{F}_{RY} R_R - M_{RF} \tag{5-26}$$

$$J_{RZ} \dot{\omega}_{RZ} = M_{RZ} - \overline{M}_{RZ} \tag{5-27}$$

上述各式中，有关物理量的具体意义与对左后轮的说明类似。由于 AGV 的速度和加速

度均较小的原因，轮子的侧滑阻力很大，假设其中的 $v_{LX}=v_{RX}=0$，这样看来车体将以位于左右轮轴线上的某一点 M 为瞬时速度中心，以角速度 ω 转动，得到如图 5-12 所示：

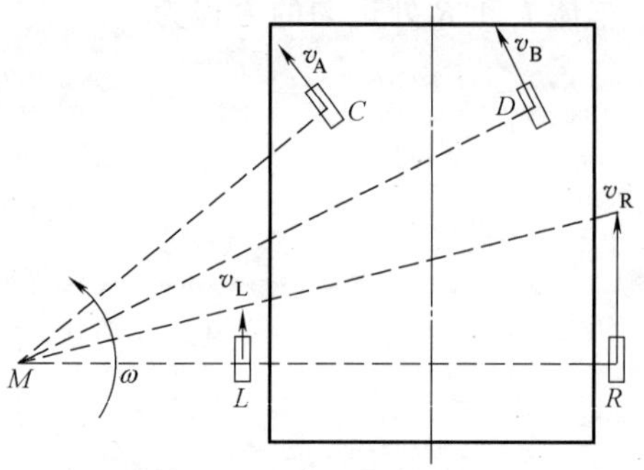

图 5-12　车体瞬时运动示意图

即

$$\dot{v}_{LX}=-\omega v_{LV} \tag{5-28}$$

$$\dot{v}_{RY}=-\omega v_{RY} \tag{5-29}$$

将以上的两个公式带入式（5-14）、（5-18）中可以看到

$$\omega=\frac{v_{RY}-v_{LY}}{a_1+a_2} \tag{5-30}$$

$$\dot{\omega}=\frac{\dot{v}_{RY}-v_{LY}}{a_1+a_2} \tag{5-31}$$

将 $v_{LX}=v_{RX}=0$ 代入式（5-12）和式（5-13）即可得

$$v_X=-b_2\omega \tag{5-32}$$

$$v_Y=v_{LY}+a_1\omega \tag{5-33}$$

式（5-14）和式（5-15）可改写成

$$\dot{v}_X=v_{LX}-b_2\dot{\omega}-a_1\omega^2 \tag{5-34}$$

$$\dot{v}_Y=v_{LY}+a_1\omega-b_2\omega^2 \tag{5-35}$$

式（5-4）至式（5-11）变为

$$v_{AX}=-(b_1+b_2)\omega \tag{5-36}$$

$$v_{AY}=(a_1-c_1)\omega+v_{LY} \tag{5-37}$$

$$v_{BX}=-(b_1+b_2)\omega \tag{5-38}$$

$$v_{BY}=(a_1+c_2)\omega+v_{LY} \tag{5-39}$$

$$\dot{v}_{AX}=-\omega v_{LY}-(a_1+c_2)\dot{\omega}-(a_1-c_1)\omega^2 \tag{5-40}$$

$$\dot{v}_{AY}=\dot{v}_{LY}+(a_1-c_2)\dot{\omega}-(a_1+c_2)\omega^2 \tag{5-41}$$

$$\dot{v}_{BX}=-\omega v_{LY}-(b_1+b_2)\dot{\omega}-(a_1+c_1)\omega^2 \tag{5-42}$$

$$\dot{v}_{BY}=\dot{v}_{LY}+(a_1+c_2)\dot{\omega}-(b_1+b_2)\omega^2 \tag{5-43}$$

4. 小车整体的动力学模型

为了能够更好地取得车整体的动力学模型，根据 AGV 的实际情况做出如下简化：

（1）左右前轮和轴是一体的，在前行或后退的同时不打滑，只看作是纯滚动，则有

$$v_{LY}=R_L\omega_L\,\dot{v}_{LY}=R_L\dot{\omega}_L \tag{5-44}$$

$$v_{RY}=R_R\omega_R\,\dot{v}_{RY}=R_L\dot{\omega}_L \tag{5-45}$$

（2）车体设计成左右对称的，则有

$$a_1=a_2=a,c_1=c_2=c \tag{5-46}$$

（3）左右轮的直径及其质量

$$R_L=R_R=R,m_L=m_R=m \tag{5-47}$$

（4）前轮左右一致、后轮的大小和质量以及有些不受力的部分或比较理想的部分可忽略不计其转动惯量，即

$$m_D = m_G = m_E = m_F \tag{5-48}$$

$$J_D = J_G = J_{EX} = J_{EZ} = J_{FX} = J_{FZ} = 0 \tag{5-49}$$

在上述简化后的基础上，联合前述车体，左、右驱动后轮的动力方程可以得到车体整体的动力学方程。该动力学方程表示左、右轮所受的转矩 M_L、M_R 和左、右轮转动角速度 ω_L、ω_R 之间的关系。

任何一种导引方法的实现最终都归结为路径跟踪控制的问题。对于固定路径型的 AGV 由于具有体现路径的导引媒介物，通过传感器就可直接获得车体对路径的横向偏差和车体方向偏差，以这种偏差作为误差信号通过车体动力学方程直接对车体进行跟踪控制。但是对于自由路径型 AGV，车体对路径之偏差量的获取就要困难得多，以车体方位推算导向的自由路径型 AGV 为例，其方位和对于路径的偏差是通过对车轮转动角度积分运算获得，要实现则需较大的计算量。一种较好的解决办法是差速驱动的自由路径控制，其路径可简化为一系列直线段和圆弧段的组合。只要保证左右轮的转动角速度满足给定的比例关系（即同步误差为零），AGV 就能跟踪这种具有恒定半径（直线和圆弧）的路径。车体动力学方程是实现差速驱动的理论基础之一，结合模糊控制方法，可以实现差速驱动路径跟踪过程。

2.4.2　AGV 中机械部分主要零件的选取

1. 伺服驱动电动机的选取及其参数

伺服驱动电动机是用来控制后轮驱动行进的原动力机构，是支持和为整个车体提供动力的元件。它的选择关系到车体的运动快慢及其能够产生多大的转矩和多大的驱动力。其外观如图 5-13 所示。

本项目驱动电动机为 ACH-13150A（1500W），转向电动机为 JSF 60-40-30-DF-1000。

（1）电动机的结构图及其主要参数的选取　ACH-13150A（1.5kW）交流伺服电动机的结构示意图如图 5-14 所示。JSF 60-40-30-DF-1000 交流伺服电动机的结构示意图如图 5-15 所示。

图 5-13　伺服驱动电动机外观图

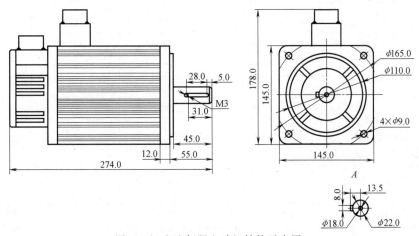

图 5-14　交流伺服电动机结构示意图

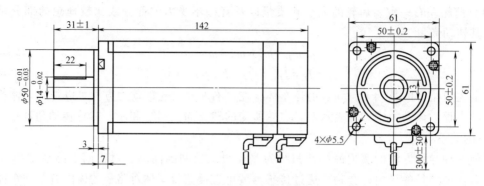

图 5-15　伺服电动机示意图

驱动电动机其主要参数见表 5-1（选择 1.5kW 系列）。

表 5-1　伺服电动机参数表

型　号		ACH-13150A（1.5kW）			
额定功率/kW		0.6	1	1.5	2
相数、线电压/V		3 相 220V			
额定转速/（r/min）		1500			
最高转速 r/min		1750			
最高机械转速/r/min		2000			
额定转矩/（N·m）		5.8	9.6	14	19
最大转矩/（N·m）		17	29	42	57
额定线电流/A		3	4.8	7.2	9.3
转子惯性/（kg·cm²）		12	23	34	45
电动机外形尺寸/mm	L	160	210	274	310
	L_1	55	55	55	55
	H_2	5	5	5	5
	H_3	12	12	12	12
	D_2	110	110	110	110
	D_3	22	22	22	22
	D_4	165	165	165	165
	D_5	9	9	9	9
	D_6	145	145	145	145
光轴或键连接，如采用键连接，则键尺寸/mm	L_3	45	45	45	45
	L_4	41	41	41	41
	T	8	8	8	8
	H_1	8	8	8	8
	H_4	18	18	18	18

注：表 5-1 中电动机转子位置反馈元件则可以选择 2500 线、5000 线光学编码器，旋转变压器等几种不同的反馈传感器。所有电动机可选制动器，并且带制动的电动机总长加 25mm，其制动器电压：AC24V。电动机尾部的导线引出方式可依靠航空插头或电缆线。

（2）伺服电动机的选取过程

1）选择电动机的容量。

电动机所需要的功率：

$$P_d = \frac{P_w}{\eta_a} \text{ （kW）} \tag{5-50}$$

由式

$$P_w = \frac{Fv}{1000} \text{ （kW）} \tag{5-51}$$

因此，

$$P_d = \frac{Fv}{1000\eta_a} \text{ （kW）} \tag{5-52}$$

由电动机至车轮的传动总效率为

$$\eta_a = \eta_1^4 \eta_2^2 \eta_3^2 \eta_4 \tag{5-53}$$

式中，η_1、η_2、η_3、η_4 分别为轴承、齿轮传动、联轴器和轮轴的传动效率。取 $\eta_1 = 0.98$（滚动轴承），$\eta_2 = 0.97$（不包括轴承效率），$\eta_3 = 0.99$（联轴器），$\eta_4 = 0.96$。

则

$$\eta_a = 0.98^4 \times 0.97^2 \times 0.99^2 \times 0.96 = 0.82 \tag{5-54}$$

所以

$$P_d = \frac{Fv}{1000\eta_a} = \frac{2000 \times 0.5}{1000 \times 0.82} \text{kW} = 1.21 \text{kW} \tag{5-55}$$

2）确定电动机的转速。

轮轴工作转速为

$$n = \frac{60 \times 1000v}{\pi D} = \frac{60 \times 1000 \times 0.5}{\pi \times 130} = 73.49 \text{r/min} \tag{5-56}$$

二级圆柱齿轮减速器传动比 $i = 12.5 \sim 20$，则总的传动比合理范围为 $i_a = 12.5 \sim 20$，故电动机转速的可选范围为

$$n_d = i_\alpha n = (12.5 \sim 20) \times 73.49 \text{r/min} = (918 \times 1469.8) \text{r/min} \tag{5-57}$$

式中　P_w——搬运车所需工作功率，指搬运车轮前进所需功率，单位为 kW；

η_a——由电动机至搬运车轮轴的总效率；

F——搬运车的运行阻力，单位为 N；

v——搬运车轮的线速度，单位为 m/s。（已经确定搬运小车运行速度大约为 30m/min，通过运算转换的 0.5m/s）

综合考虑：选择表 5-1 中额定功率为 1.5kW（灰色显示）的交流伺服电动机为此次设计的驱动电动机。

3）根据电动机和减速器的结构尺寸选择出联轴器和键。

取载荷系数 $K_A = 1.3$，则联轴器的计算转矩为

$$T_{c\alpha} = K_A T_1 = 1.3 \times 14325 (\text{N} \cdot \text{m}) = 18622.5 (\text{N} \cdot \text{m}) \tag{5-58}$$

根据计算转矩、最小轴径、轴的转速，查国家标准 GB/T 5014—2003，选用弹性柱销联轴器：

电动机和减速器之间的联轴器为：YL1 22×32

减速器和轮轴之间的联轴器为：YL9 48×80

电动机上的键：　　　　　　$bLh = 8\text{mm} \times 36\text{mm} \times 8\text{mm}$ $\tag{5-59}$

减速器输入端的键：　　　　$bLh = 8\text{mm} \times 33\text{mm} \times 6\text{mm}$ $\tag{5-60}$

减速器输出端的键: $\qquad bLh = 8mm \times 32mm \times 9mm \qquad$ (5-61)

式中 b——键的宽度;

$\qquad L$——键的长度;

$\qquad h$——键的厚度。

(3) 减速器的使用范围及选取

1) 适用范围。ZDY、ZLY、ZSY 外啮合渐开线斜齿圆柱齿轮减速器 (ZDL 为单级,ZLY 为两级,ZSY 为三级,Y 代表硬齿面),可用于冶金、矿山、起重运输、水泥、建筑、化工、纺织、轻工等行业。

减速器高速轴转速不大于 1500r/min;减速器齿轮传动圆周速度不大于 20m/s;减速器工作环境温度为 -40 ~ 45℃,低于 0℃ 时,起动前润滑油应预热。

2) 减速器的选取。

轮轴的转速 $\qquad n = 73.49 r/min$

电动机的额定转速 $\qquad n_d = 1000 r/min$

减速器的传动比 $\qquad i = \dfrac{1000}{73.49} = 13.6 \qquad$ (5-62)

取减速器的传动比为 $\qquad i_\alpha = 15$

实际轮轴的转速 $\qquad n = \dfrac{1000}{15} = 66.7 r/min \qquad$ (5-63)

车轮的实际线速度 $\qquad v = \dfrac{n\pi D}{60 \times 1000} = \dfrac{66.7 \times \pi \times 130}{60 \times 1000} = 0.45 m/s \qquad$ (5-64)

综合考虑电动机和传动装置的尺寸、重量和减速器的传动比,选择的减速器型号为 ZLY 112-20-I。

2. 伺服电动机及其控制

(1) 伺服电动机工作原理 伺服电动机是一种将电脉冲信号转换为角位移或直线运动的执行机构,由环形分配器、功率驱动装置、步进电动机构成一个开环的定位运动系统,当系统接收一个电脉冲信号时,伺服电动机的转轴将转过一定的角度或移动一定的直线距离。电脉冲输入越多,电动机转轴转过的角度或直线位移就越多;同时,输入电脉冲的频率越高,电动机转轴的转速或位移速度就越快。步进电动机控制的最大特点是没有累积误差,常用于开环控制。步进电动机系统由控制器、驱动器及步进电动机构成,它们三者之间是相互配套的。

伺服电动机转轴输出的角位移量与输入的脉冲数成正比,通过控制脉冲个数来控制步进电动机的角位移量,通过改变输入脉冲频率可实现调速。

伺服电动机主要由定子和转子构成。定子的主要结构是绕组,三相、四相、五相步进电动机分别有 3 个、4 个、5 个绕组,其他依此类推。绕组按一定的通电顺序工作,这个通电顺序称为步进电动机的"相序"。转子的主要结构是磁性转轴,当定子中的绕组在相序信号作用下有规律地通电、断电工作时,转子周围就会有一个按此规律变化的电磁场,因此一个按规律变化的电磁力就会作用在转子上,转子总是力图转动到磁阻最小的位置,正是这样,使得转子按一定的步距角转动。

伺服电动机步距角 θ 的计算公式为

$$\theta = \dfrac{360}{Nz}$$

式中 N 为伺服电动机的通电循环拍数，z 为转子的齿数。

（2）伺服电动机控制参数　通过设置伺服电动机驱动器的工作方式和细分数，由单片机控制 8253 输出的脉冲频率可以推算出伺服电动机的转速，再结合驱动轮的几何参数，就可以得到脉冲频率与车辆行走距离、速度之间的关系，推导过程如下：

设驱动器细分为 d，脉冲数为 c，伺服电动机固有步距角为 α，8253 输出脉冲频率为 f，减速器传动比为 i，驱动轮半径为 R。

通过伺服电动机驱动器细分后，伺服电动机的步距角为

$$\bar{\alpha} = \frac{\alpha}{d}$$

电动机所转的角度 γ 可以由以下表示：

$$\gamma = c\frac{\bar{\alpha}\pi}{180} = \frac{c\alpha\pi}{180d} \ (\text{rad}) \tag{5-65}$$

输入 c 个脉冲所需要的时间为

$$t = \frac{c}{f} \ (\text{s})$$

可得到电动机的转速为

$$\omega = \frac{f\alpha\pi}{180d} \ (\text{rad/s}) \tag{5-66}$$

则小车的速度为

$$v = \frac{f\alpha\pi R}{180di} \ (\text{m/s}) \tag{5-67}$$

伺服电动机的脉冲频率为

$$f = \frac{180vdi}{\alpha R\pi} \ (\text{Hz}) \tag{5-68}$$

由车辆速度表达式（5-67）可以看出，车辆行驶速度由脉冲频率 f、步距角 α、细分数 d，传动比 i 和驱动轮半径 R 决定。其中步距角为电动机固定参数，传动比为减速器固定参数，因此驱动轮尺寸定好以后，小车的运动控制最终是通过可编程计数器 8253 发出的脉冲频率 f 和伺服电动机驱动器的设定细分数 d 来实现控制。细分值越大，伺服电动机越平稳、噪声越小、振动也越小，但同时电动机转速也越慢。所以，综合考虑各方面因素，在满足平稳性和运行速度之间做好权衡，才能较好地控制好电动机。

3. 轴的设计及其参数的计算

（1）轴的设计方法　轴的设计是根据给定轴的功能要求（如传递功率或转矩，所支持零件的要求等）及满足物理、几何约束的前提下，确定轴的最佳形状和尺寸。尽管轴设计中所受的物理约束很多，但设计时，其物理约束的选择仍是有区别的，对一般用途的轴，满足强度约束条件，具有合理的结构和良好的工艺性即可。对于静刚度要求高的轴，如机床主轴，工作时不允许有过大的变形，应按刚度约束条件来设计轴的尺寸。对于高速或载荷做周期变化的轴，为避免发生共振，则应需按临界转速约束条件进行轴的稳定性计算。

轴的设计并无固定不变的步骤，要根据具体情况来定，一般方法是：

1）按扭转强度约束条件或与同类机器类比，初步确定轴的最小直径。

2）考虑轴上零件的定位和装配及轴的加工等几何约束，进行轴的结构设计，确定轴的几何尺寸。值得指出的是：轴结构设计的结果具有多样性。不同的工作要求、不同的轴上零件的装配方案以及轴的不同加工工艺等，都将得出轴的不同结构形式。因此，设计时，必须对其结果进行综合评价，确定较优的方案。

3）根据轴的结构尺寸和工作要求，选择相应的物理约束，确定合适的参照物体，检验是否满足相应的物理约束。若不满足，则需对轴的结构尺寸做必要修改，应该先实施再设计，直至满足要求。

（2）驱动后轮轴的设计　由于驱动电动机驱动后车轮使小车前进，在此一切相关数据与计算都是以后车轮为依据。

车轮轴转速 $\qquad n = 67\text{r/min}$

驱动电动机的额定功率为 $\qquad P_1 = 1.5\text{kW}$

轮轴传递功率为

$$p = p_1 \eta_2^2 \eta_2^2 \eta_3^4 = 1.5 \times 0.99^2 \times 0.97^2 \times 0.98^4 = 1.275\text{kW} \qquad (5\text{-}69)$$

受转矩 T（N·mm）的实心圆轴，其切应力为

$$\tau_T = \frac{T}{W_T} = \frac{9.55 \times 10^6 P/n}{0.2d^3} \leqslant [\tau_T] \text{（MPa）} \qquad (5\text{-}70)$$

轴的最小直径为

$$d \geqslant \sqrt[3]{\frac{9.55 \times 10^6 P}{0.2[\tau_T]n}} = C\sqrt[3]{\frac{P}{n}} \qquad (5\text{-}71)$$

轴的材料取 45 钢。

上两式中 $\quad W_T$——轴的抗扭截面系数，单位为 mm³；

$\qquad P$——轴传递的功率，单位为 kW；

$\qquad n$——轴的转速，单位为 r/min；

$\qquad [\tau_T]$——许用切应力，单位为 MPa；

$\qquad C$——与轴的材料有关的系数，可由表 5-2 查得。

表 5-2　轴材料的选取一览表

轴的材料	Q235	20	Q255	Q275	35	45	40Cr	38Si	45MnMo
$[\tau_T]$/MPa	12	15	20	25	30	35	40	45	52
C	160	148	135	125	118	112	106	102	98

轴的最小直径取 $\phi35$mm。轴上键的规格为 GB/T 1096 键 8×36×6 和 GB/T 1096 键 8×33×6。图 5-16 为后轮车轴尺寸图。

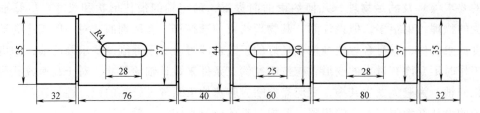

图 5-16　后轮车轴尺寸图

由于转向前轮的结构比较简单，故不重复说明选取过程，根据最短轴直径也为 ϕ35mm，所以可以选择出轴上键的规格为 GB/T 1096 键 8×36×6。图 5-17 为前轮车轴尺寸图。

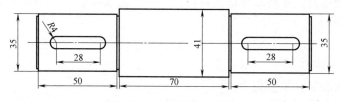

图 5-17　前轮车轴尺寸图

（3）车轮轴的受力分析和校核　假设前、后轴车轴受力均匀，以后车轮轴为例分析、校核。

轴的材料选用 45 钢调质处理，$R_m = 650\text{MPa}$，$R_{eL} = 360\text{MPa}$

计算支撑反力

$$F''_{R1} = \frac{1749 \times 577.5}{1117.5}\text{N} = 904\text{N} \tag{5-72}$$

垂直面反力

$$F''_{R2} = \frac{1749 \times 540}{1117.5}\text{N} = 845\text{N} \tag{5-73}$$

合成弯矩
$$M = \sqrt{M_{xy}^2 + M_{xz}^2} \tag{5-74}$$

许用应力的计算：

许用应力值用插入法由表 5-1 查得

$$[\sigma_{-1b}] = 60\text{MPa}$$

轴径的校核：

轴径
$$d = \sqrt[3]{\frac{M}{0.1[\sigma_{-1b}]}} = \sqrt[3]{\frac{48800}{0.1 \times 60}}\text{mm} = 21\text{mm} \tag{5-75}$$

得：21mm<25mm。校核完毕。

表 5-3 为转轴和心轴的许用弯曲应用表。

表 5-3　转轴和心轴的许用弯曲应力　　　　　　　　（单位：MPa）

材料	R_m	$[\sigma_{+1b}]$	$[\sigma_{0b}]$	$[\sigma_{-1b}]$
碳素钢	400	130	70	40
	500	170	75	45
	600	200	95	55
	700	230	110	65
合金钢	800	270	130	75
	1000	330	150	90
铸钢	400	100	50	30
	500	120	70	40

（4）车轮轴承的受力分析和校核　大部分滚动轴承是由于疲劳点蚀而失效的。轴承中任一原件出现疲劳剥落扩展迹象前，运转总次数或一定转速下的运转时间称为轴承寿命。实际选择轴承时常以基本额定寿命为标准。轴承的基本额定寿命是指 90% 可靠度、常用材料

和加工质量、常规运转条件下的寿命，以符号 L_{10}（r）或 L_{10h}（h）表示。

标准中规定将基本额定寿命为 100 万 r（10^6r）时轴承所能承受的恒定载荷取为基本额定动载荷 C。也就是说，在基本额定动载荷作用下，轴承可以工作 100 万 r 而不发生点蚀失效，其可靠度为 90%。

当量动载荷 $$P = XF_r + YF_a \tag{5-76}$$

式中　F_r——径向载荷，单位为 N；

　　　F_a——轴向载荷，单位为 N；

　　X、Y——径向动载荷系数和轴向动载荷系数，可查表。

机械工作时常具有振动和冲击。为此，轴承的当量动载荷应按下式计算

$$P = f_d(XF_r + YF_a) \tag{5-77}$$

由于不受进给力，所以　　$$P = f_d F_r = 1 \times 875\text{N} = 875\text{N} \tag{5-78}$$

式中　f_d——冲击载荷系数，由表 5-4 可查；

　　　F_r——背向力，取 875N。

表 5-4　冲击载荷系数 f_d

载荷性质	机　器　举　例	f_d
平稳运转或轻微冲击	电动机、水泵、通风机、汽轮机	1.0~1.2
中等冲击	车辆、机床、起重机、内燃机、冶金设备	1.2~1.8
强大冲击	破碎机、轧钢机、振动筛、工程机械、石油钻机	1.8~3.0

当轴承的当量动载荷为 P 时以转速为的基本额定寿命 L_{10} 为

$$C^\varepsilon 1 = P^\varepsilon L_{10} \tag{5-79}$$

$$L_{10} = \left(\frac{C}{P}\right)^\varepsilon \tag{5-80}$$

式中　P——当量动载荷，单位为 N；

　　L_{10}——基本额定寿命，常以 10^6r 为单位（当使用寿命为 100 万 r 时，$L_{10}=1$）；

　　ε——寿命指数，球轴承 $\varepsilon=3$；

　　C——基本额定动载荷，查表取 43.2×10^3N。

若轴承工作转速为 n（r/min），可求出以 h 为单位的基本额定寿命为

$$L_{10h} = \frac{10^6}{60n}\left(\frac{C}{P}\right)^\varepsilon = \frac{16670}{n}\left(\frac{C}{P}\right)^\varepsilon = \frac{16670}{35.5} \times \left(\frac{43.2 \times 10^3}{875}\right)^3 \text{h} = 5.65 \times 10^7 \text{h} \tag{5-81}$$

因此，轴承达到预期寿命。

任务 3　AGV 电气系统设计

3.1　任务概述

AGV 是指装备有电磁或光学等自动导引装置，能够沿规定的导引路径行驶，具有安全保护以及各种移载功能的运输车，AGV 属于轮式移动机器人的范畴。本任务结合传感器控制原理，进一步介绍小车的运动控制及其控制策略的问题，以提高对 AGV 小车的巡线精度

控制。

3.2 任务目标

1. 掌握 AGV 小车的电路设计方法。
2. 认知常见的传感器。
3. 了解 AGV 小车的控制策略并进行小车的驱动练习。

3.3 任务引入

本任务主要对驱动芯片模块、电源模块、光电耦合器进行了选择，对电路进行设计，并分析了行走策略和控制策略。

3.4 任务实施

3.4.1 控制系统

（1）驱动芯片模块 本 AGV 选用的驱动芯片为 L293D，L293D 是 SGS 公司的产品，内部包含 4 通道逻辑驱动电路。其后缀有 B、D、E 等，除 L293E 为 20 脚外，其他均为 16 引脚 0Vss 电压最小为 4.5V，最大可达 36V；Vs 电压最大值也是 36V。经过实验，Vs 电压应该比 Vss 电压高，否则有时会出现失控现象。能通过的峰值电流是 1.2A，由于是采用桥式电路驱动一个电动机，它允许的输出电流是 686.6mA，据此可确定电动机的选择范围。

（2）电源模块 小车由电池组提供电压，控制系统所需的 5V 稳定电压由电池组经三端集成稳压器稳压后提供。电动机所需的电压由电池组直接提供。一个线性三端稳压器扩流电路，是常见稳压器扩流电路。

1）电源的缺点。

① 此电源是线性稳压电路，内部功率损耗大，全部压降均转换为热量损失，效率低，所以散热问题要注意。

② 由于核心的元件 7805 稳压器的工作速度不太高，所以对于输入电压或者负载电流的急剧变化响应慢。

③ 此电路没有加电源保护，7805 稳压器本身有过流和温度保护，但是扩流晶体管 TIP32C 没有加保护，所以存在一个很大的缺点。如果 7805 稳压器在保护状态以后电路的输出会是 Vin-Vce，电路输出超过预期值，这点要特别注意。

2）电源的优点。

① 电路简单，稳定，调试方便（几乎不用调试）。

② 价格便宜，适合于对成本要求苛刻的产品。

③ 电路中几乎没有产生高频或者低频辐射信号的元件，工作频率低，EMI 等方面易于控制。

3）电路工作原理，如图 5-18 所示。

$I_o = I_{oxx} + I_c$

$I_{oxx} = I_{REG} - I_Q$ （I_Q 为 7805 的静态工作电流，通常为 4~8mA）

$I_{REG} = I_R + I_b = I_R + I_c / \beta$ （β 为 TIP32C 的电流放大倍数）

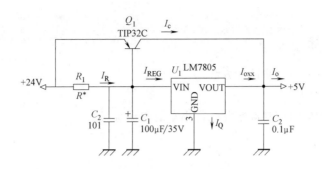

图 5-18 7805 扩流电路

$I_R = V_{BE}/R_1$（V_{BE} 为 TIP32 的基极导通电压）

所以 $I_{oxx} = I_{REG} - I_Q = I_R + I_b - I_Q = V_{BE}/R_1 + I_c/\beta - I_Q$

由于 I_Q 很小，可略去，则：$I_{oxx} = V_{BE}/R_1 + I_c/\beta$

查 TIP32C 手册，$V_{BE} = 1.2V$，β 可取 10。

$I_{oxx} = 1.2/R + I_c/\beta = 1.2/22 + I_c/10 = 0.0545 + I_c/10$（此处假设 R 为 22Ω）

$I_c = 10 \times (I_{oxx} - 0.0545)$

假设 $I_{oxx} = 100mA$，$I_c = 10 \times (100 - 0.0545 \times 1000) = 455$（mA）

则 $I_o = I_{oxx} + I_c = 100mA + 455mA = 555mA$。

再假设 $I_{oxx} = 200A$，$I_c = 10 \times (200 - 0.0545 \times 1000) = 1955$（mA）

$I_o = I_{oxx} + I_c = 200mA + 1955mA = 2155mA$

由上面的举例可见，输出电流提高了许多。

电阻 R 的大小对调整通过 7805 电路的电流有很大的关系，取不同的值带入上式即可看出：R 越大，则输出同样的电流的情况下流过 7805 电路的电流要小些，反之亦然。通常的电路中，采用扩流晶体管 TIP32 加散热片，而对于 7805 电路则不需要，但是 R 的值不能过大，其条件是：$R < V_{BE}/(I_{REG} - I_B)$。

（3）光电耦合器（TLP521-4） 它的额定输入输出电压都是 5V，其作用是隔离干扰，消除信号源端的热噪声，光电耦合器实物如图 5-19 所示。

3.4.2 电路的设计

电路设计的主要思想如下：

1）由于电动机驱动部分对前面的数字系统产生一定的干扰，数字系统和电动机驱动系统是不共地的，它们之间使用光电隔离器，以提高系统的抗干扰能力。整个电路由两个不共地的 12V 电源供电。一路 12V 供颜色传感器和经 7805 稳压器转换成 5V 供单片机系统，如图 5-20 所示；另一路 12V 供电动机驱动电路和经 7805 稳压器转换成 5V 供 L293D 逻辑电平。

图 5-19 光电耦合器（TLP521-4）

2）红外线传感器信号通过光耦隔离后反相输入到单片机。内口共可以驱动 4 路红外线传感器。

3）从单片机出来的信号经过 74LS245 放大驱动之后，经过光电耦合器转换电平，再经过 L293D 放大电流驱动，最后输出给电动机。

综上所述，控制电路主要分为三个功能模块，其系统框图如图 5-20 所示。

① 传感器电源供给、信号接收模块。

② 单片机信号处理、机器人控制信号产生模块。

③ 电动机驱动电路模块。

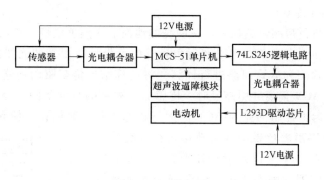

图 5-20　系统框图

3.4.3　行走策略

1. 直线路径行走策略

1）小车是否沿着直线路径（白线）行走，由前置传感器探测。正常情况如图 5-21 所示。前置传感器（距离为 80mm）都在 100mm 的白线上，则小车沿着直线路径（白线）行走。

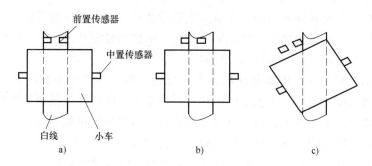

图 5-21　小车直线路径行走示意图

2）如果有一个前置传感器探测到不在白线上，如图 5-21 所示，前置左侧传感器探测不到白线，而右侧传感器探测到白线，则认为小车偏左，纠正方法是使小车右侧电动机减速，左侧电动机加速，使得两个前置传感器回到白线位置。若小车偏右，可采用类似方法处理。

3）如果两个前置传感器都在白线外，如图 5-21c 所示。这种情况一般是传感器出现误判。因为若一个前置传感器偏离白线，能把小车纠正过来，根据经验数据，当一个前置传感器偏离白线的角度在 5° 以内，都能自动纠正过来。通常小车的两个电动机同向转动，由于速度的同步性误差造成小车行走方向有少量偏差，传感器会略微偏离出白线。如果传感器出现误判，会造成两个前置传感器都在白线外，可由中置传感器检测到白线后，根据时间的长短来判定（与岔路口的情况区分开来），令小车向探测到白线的那一个中置传感器方向转弯，直到两个前置传感器都回到白线上，此时，耽误的时间会略长些。

2. 遇到弯道时的行走策略

先是前置传感器丢失白线，继续前进一段后，此时小车停止前进、向探测到白线的那一个中置传感器方向转弯，随后前置传感器也一定检测到白线。当两个前置传感器同时检测到白线之后，判断方向正确，即停止转动，沿此方向继续前进。

3.4.4 传感器采样

1. 红外传感器寻迹原理

利用地面颜色与色带颜色的反差，在明亮的地面上用黑色色带，在黑暗的地面上用白色色带。导引车的下面装有光源，用以照射色带。由色带反射回来的光线由光学检测器（传感器）接收，经过检测和运算回路进行计算，将计算结果传至驱动回路，由驱动回路控制驱动系统工作。当 AGV 偏离导引路径时，传感器检测到的亮度不同，经过运算回路计算出相应的偏差值，然后由控制回路对 AGV 的运行状态进行及时修正，使其回到导引路径上。因此，AGV 能够始终沿着色带的导引轨迹运行。红外反射式光电传感器包括一个可以发射红外光的固态发光二极管和一个用作接收器的固态光敏二极管（或光敏晶体管）。光学导引原理如图 5-22 所示。

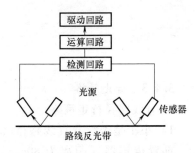

图 5-22 光学导引原理图

2. 红外寻迹方案的选择

方案一：采用发光二极管发光，用光敏二极管接收。

当发光二极管发出的可见光照射到黑带时，光线被黑带吸收，光敏二极管没有检测到反射回来的光信号，呈高阻抗，使输出端为低电平。当发光二极管发出的可见光照射到地面时，反射回来的光被光敏二极管检测到，其阻抗迅速降低，此时输出端为高电平。由于光敏二极管受环境中可见光影响较大，电路的稳定性差。

方案二：采用光敏电阻接收可见光检测。

该电路采用 T 形网络，可避免使用太大的反馈电阻，并且便于提高输入阻抗。六组光敏电阻用于检测可见光信号，但光敏电阻检测到黑带时，输出端为低电平，但有反射回来的光使电路输出端显示为高电平，信号返回给单片机，通过单片机控制前轮的转向。由于需要正负电源，同时光敏电阻易受环境影响，稳定性也很差。

方案三：利用红外线发射管发射红外线，红外线二极管进行接收。

采用六组红外光敏耦合晶体管发射和接收红外信号，外面可见光对接收信号的影响较小，再用射极输出器对信号进行隔离。接收的红外信号转换为电压信号经 LM339 进行比较，产生高电平或低电平返回给 51 单片机。

3. 具体设计与实现

根据方案经济实惠、易于实现、可靠性好等原则，因此采用方案三，使小车稳定性能得到提升。当小车底部的某边红外线收发对管遇到黑带时输入电平为低电平，反之为高电平。结合中断查询方式，通过程序控制小车往哪个方向行走。

根据传感器应用场合不同选择有所不同，检测距离范围可从几毫米到几米。选用 FS-359F 反射红外传感器，048W 型封装。该封装形状规则，便于安装。激光传感器虽然性能不错，但价格较贵。从需要 5~10cm 垂直探测距离的要求来看，普通的红外反射式传感器又很难胜任。在对 6 个型号的传感器测试后，选用了价格、性能基本适合的 043W 封装的反射红外传感器，使用约 40mA 的发射电流，没有强烈日光干扰（在有日光灯的房间里）探测距离能达 8cm，完全能满足探测距离要求。红外传感器的电路有多种形式，在这里为了安装调试方便，我们采用了图 5-23 的电路形式。

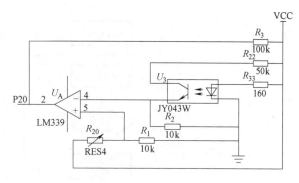

图 5-23　红外测距电路图

4. 超声波测距原理

超声波测距是通过不断检测超声波发射后遇到障碍物所反射的回波，从而测出发射和接收回波的时间差 t，然后求出距离 $S = Ct/2$，式中的 C 为超声波波速。

由于超声波也是一种声波，其声速 C 与温度有关。在使用时，如果温度变化不大，则可认为声速是基本不变的。如果测距精度要求很高，则应通过温度补偿的方法加以校正。声速确定后，只要测得超声波往返的时间，即可求得距离。这就是超声波测距仪的机理。其系统框图如图 5-24 所示。

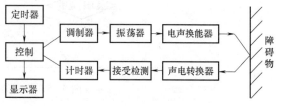

图 5-24　超声波测距原理框图

5. 超声波模块具体功能

1）可由 J1 跳线选择不同的比较电压以选择三种测距模式（短距、中距、可调距）：短距：10～80cm（根据被测物表面材料决定）；中距：80～400cm（根据被测物表面材料决定）；可调：范围由可调节参数确定。

2）单/多模组的两种使用方法（单传感器、阵列式传感器）。①单模组就可完成测距实验，一般只用来做测距/障碍物方面的应用；②多模组配合使用，模组上提供接口 J5、J6，可将几个模组串联起来，组成阵列式的传感器组。

3）应用领域：为方便进行单片机接口方面的专门设计模块的学习，超声波测距模组可以方便地和 61 板连接，可应用在小距离测距、机器人检测、障碍物检测等方面，用于车辆倒车雷达以及家居安防系统等应用方案的验证。

4）规格参数

超声波传感器谐振频率：40kHz；模组传感器工作电压：4.5～9V；模组接口电压：4.5～5.5V；尺寸：6.48cm×4.07cm。

对传感器的采样有两种方法：定时采样和程序扫描采样，本次采用的是定时采样的方式。

3.4.5　控制策略

小车从起点或终点出发后，每隔 50ms 读取一次 P1 口。若前方有障碍物（即 P1.4 脚或 P1.5 脚检测到反射信号），则机器人原地待命；若到达终点或起点，则机器人开始装料或卸料工作。否则，机器人进行正常的寻线行驶。控制策略原理如图 5-25 所示。

3.4.6　动作类型

如前所述，针对典型路径，设计出相应的控制动作。动作类型有如下几类：

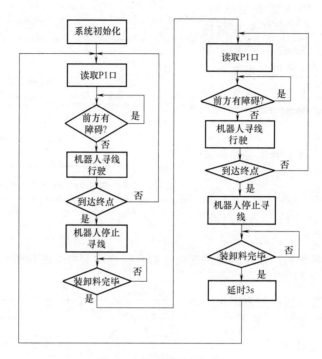

图 5-25　控制策略原理图

1. 直线路径行走

用于主干道上小车长直线路径的快速行走，以赢得时间。其结束条件是检测到有弯道。

2. 特殊路径行走

用于特殊路径的慢速前进，如在小车的行走中，由于导航白线折弯，前置传感器丢失了白线，小车减速行走。当中置传感器检测到白线后，根据时间的长短来判定，令小车向探测到白线的那一个中置传感器方向转弯，直到两个前置传感器回到白线上，其结束条件是前置传感器检测到白线。其特点是两个前置传感器同时在线外的时候，小车自动旋转寻回直线。

3. 左转弯

用于向左转弯，当小车的行走遇到左边有弯道需要左转弯时，此时左边中置传感器探测到白线，令小车向左转弯，直到两个前置传感器回到白线上，其结束条件是前置传感器检测到白线。

4. 右转弯

用于向右转弯，当小车的行走遇到右边有弯道需要右转弯时，此时右边中置传感器探测到白线，令小车向右转弯，直到两个前置传感器回到白线上，其结束条件是前置传感器检测到白线。

5. 停车

用于停车，最后结束。

在整个动作中，直线行走和转弯最为关键。对于不同的行走路径，只需调整相应的动作列表的指针。

项目 6 柔性制造系统

任务 1 柔性制造系统认知

1.1 任务概述

柔性制造系统再现工业现场从仓储、搬运、分拣以及包装的全过程，将目前工业自动化现场前沿的实用技术和方案引入到系统当中，本项目基于天津博诺智创机器人技术有限公司研发的柔性制造系统（BNRT-RCPS-C10）进行讲解。通过学习，让学生能熟练掌握自动化科技的前沿应用技术，为工业智能制造培养一批有素质、高技能的专业技术人才。

1.2 任务目标

1. 了解柔性制造系统的组成。
2. 了解柔性制造系统的原理。

1.3 任务引入

本系统主要由码垛机立库系统、AGV 小车、托盘流水线、物品盒流水线、视觉系统、六自由度工业机器人组成，如图 6-1 所示。系统的主要工作目标是从立体仓库上取出的工件通过 AGV 机器人，搬运到托盘生产线上，通过视觉系统对工件进行识别，然后由工业机器人进行装箱。柔性制造系统有以下特点：

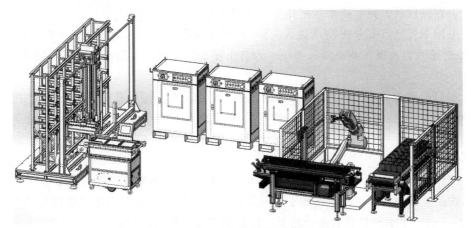

图 6-1 柔性制造系统的组成

1）选用 6 轴关节型工业机器人+堆垛直角坐标机器人+AGV 移动机器人，该三种机器人都是目前工业现场应用比较广泛的机器人。

2）将立体仓库（码垛机器人）+工件运输（AGV 机器人）+检测分拣（机器视觉）+机器

人自动分拣装配（6 轴机器人）+自动回收+自动包装的融合。

3）设置多物件和"多工位+多仓储"，可以展现出非常多的组合场景，不仅展现学生对控制系统和机器人的编程能力，同时也能展现学生的流程规划策略和优化能力。

4）整个系统采用网络化控制构架以及最新的控制系统。

1.4　任务实施

1.4.1　柔性制造系统工作流程

BNRT-RCPS-C10 柔性制造系统各组成部分的职责如下：

（1）码垛机立库系统　用于存储物品托盘，并且按照要求码垛机完成出库和入库。

（2）AGV 小车　用于把安装有物品的托盘与码垛机立库系统对接，然后沿铺设的磁条运行到托盘流水线。

（3）托盘流水线　负责把货品托盘输送到视觉检测工位，经视觉定位识别输送到抓取工位。

（4）物品盒流水线　负责成品物品盒的装箱及传送。

（5）视觉系统　对托盘流水线上的托盘上的物品进行识别，并把识别结果发送至主控系统的 PLC。

（6）六自由度工业机器人系统　根据主控系统 PLC 发送的数据，对托盘流水线托盘物品进行分拣，放置于物品盒流水线的指定物品盒中，同时把空托盘放置于空托盘库中。

BNRT-RCPS-C10 柔性制造系统基本运行流程：

1）物品以托盘形式存储在原料仓库中（物品共有 8 种不同形状高度的样式，每个托盘上随机放置 0~3 个物品，样式也随机，可能相同，也可能不同）。

2）物品随托盘从码垛机立库出库，由 AGV 小车输送至托盘流水线。

3）托盘在托盘流水线的 4 号工位停止，通过智能相机识别物品数量、类型、相对于标定原点的位置、相对于标定姿态的旋转角度并传输给 PLC。

4）识别完成后，托盘流水线把托盘传输到 1 号位置后停止。

5）主控系统把需要分拣物品的 X、Y、Z 坐标偏移值和旋转角度通过 MODBUS TCP 协议依次发送给六自由度工业机器人系统，六自由度工业机器人按照事先编写的程序流程执行抓取分拣。

6）六自由度工业机器人根据放置位置的 X、Y、Z 坐标偏移值和旋转角度把物品放入礼品箱中。（礼品箱有 8 个格子，相同的工件放到同一个格子，每个格子最多放 2 件物品。码垛部分偏移运算由主控系统计算，整合到 Z 轴偏移中给六自由度工业机器人）。

7）把物品取完后，六自由度工业机器人把空托盘也搬运放置到空托盘库中。

8）物品装满物品箱后，流转到下料码垛区。（每个比赛区不会使用全部物品样式，应取其中 2~3 种。当中转箱装满或物品无法按照规则放入物品箱时流入下一区域）。

当物品箱码到一定数量或原料出库完成任务时停止工作。柔性制造系统工作流程如图 6-2 所示。

下面介绍柔性制造系统中的六自由度工业机器人、托盘流水线及电气控制系统。

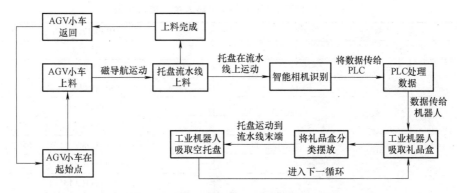

图 6-2　BNRT-RCPS-C10 系统工作流程图

1.4.2　六自由度关节型机器人

六自由度关节型机器人是柔性制造系统的重要组成部分，六自由度关节型机器人如图 6-3 所示，有 6 个自由度，最大负荷 20kg，臂展 >1.5m。详细操作说明见机器人说明书（HR20-1700-C10 机器人电气维护手册、机器人机械维护手册和机器人编程手册）。

HR20-1700-C10 工业机器人在系统中的位置如图 6-4 所示。

HR20-1700-C10 机器人的机械系统是指机械本体组成，机械本体由底座部分、大臂、小臂部分、手腕部件和本体管线包部分组成，共有 6 个马达可以驱动 6 个关节的运动以实现不同的运动形式。图 6-5 标示了机器人各个组成部分及各运动关节的定义。

HR20-1700-C10 机器人主要技术参数见表 6-1。

图 6-3　HR20-1700-C10 实物图

图 6-4　HR20-1700-C10 工业机器人在系统中的位置

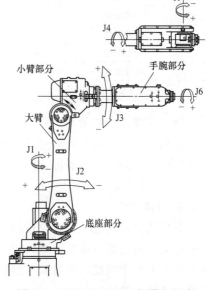

图 6-5　HR20-1700-C10 机器人组成

表 6-1　HR20-1700-C10 机器人主要技术参数

机器人类型		HR20-1700-C10
结构		关节型
自由度		6
驱动方式		AC 伺服驱动
最大动作范围	J1	±3.14rad（±180°）
	J2	+1.13rad/−2.53rad（+65°/−145°）
	J3	+3.05rad/−1.13rad（+175°/−65°）
	J4	±3.14rad（±180°）
	J5	±2.41rad（±135°）
	J6	±6.28rad（±360°）
最大运动速度	J1	2.96rad/s（170°/s）
	J2	2.88rad/s（165°/s）
	J3	2.96rad/s（170°/s）
	J4	6.28rad/s（360°/s）
	J5	6.28rad/s（360°/s）
	J6	10.5rad/s（600°/s）
最大运动半径		1722mm
可搬重量		20kg
重复定位精度		±0.08mm
通信方式		MODBUS TCP/IP
手腕转矩	J4	49N·m
	J5	49N·m
	J6	23.5N·m
手腕惯性力矩	J4	1.6kg·m²
	J5	1.6kg·m²
	J6	0.8kg·m²
环境温度		0~45℃
安装条件		地面安装、悬吊安装
防护等级		IP65（防尘、防滴）
本体重量		220kg
设备总功率		3.5kW

机器人工作流程如图 6-6 所示。

工业机器人手爪吸盘安装完成后的效果图如图 6-7 所示。

手爪吸盘气路连接示意图如图 6-8 所示。

1.4.3　流水线

1. 托盘流水线

负责把货品托盘输送到视觉检测工位，经视觉定位识别输送到抓取工位，由机械手将托盘中的货品，通过真空吸盘吸放到相应物品盒中。当货品托盘中的货物全部取空时，由机械手通过另一套真空吸盘将托盘吸放到空托盘存放处。托盘流水线效果图如图 6-9 所示。托盘流水线倍速链实物图如图 6-10 所示。

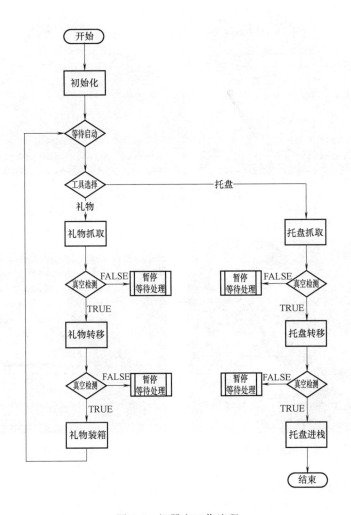

图 6-6 机器人工作流程

图 6-7 工业机器人手爪吸盘安装完成后的效果图

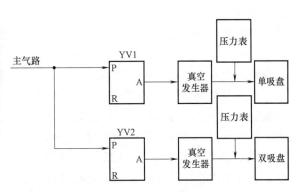

图 6-8 手爪吸盘气路连接示意图

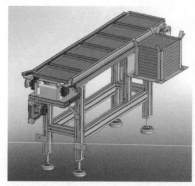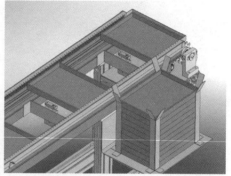

图 6-9　托盘流水线效果图

托盘流水线与 AGV 对接口实物图如图 6-11 所示。

图 6-10　托盘流水线倍速链实物图

图 6-11　托盘流水线与 AGV 对接口实物图

托盘流水线共设 6 个托盘工位，工位示意图如图 6-12 所示，小车装卸货物处为后端，另一端为前端，从前端起分别定义 1~6 号工位，在 1、2、4、6 工位处设有托盘有无检测传感器，在 2、4 工位处设有止动气缸。从小车上过来的货品托盘，经传送机构传送到托盘流水线，入口 6 号工位处设有托盘检测传感器。托盘依次排列，当 4 号位检测开关检测到有托盘时，止动气缸伸出，将待检测托盘停住。由视觉识别探头对托盘中的货物进行辨识，并将辨识的特征数据（如坐标，形状等）通过通信网络传送到机器人控制器中，识别完成后止动气缸缩回。托盘流向 3 号工位并在 2~3 号工位间排队，当 1 号工位有托盘且 2 号工位开关检测到有托盘

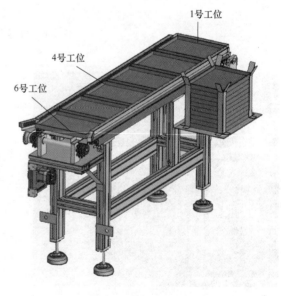

图 6-12　工位示意图

时，2 号工位止动气缸伸出，将托盘停住等候，等待 1 号工位中的托盘被取走后进入 1 号工位。1 号工位是机器人抓取工位，4 号工位识别的是数据，此时被调出使用，由机械手根据识别的数据以及所需完成的物品盒的目标数据进行比对，将合适的货品装到合适的物品盒。

货品卸完后，机械手将空的货品托盘移载到空托盘存放处，空托盘存放处设有满位检测传感器，正常情况下应通过计数对空托盘数量进行管理。当发生差错或异常时，满位检测传感器接通，以防止托盘堆放产生跌落。当空托盘达到规定数量时，应发出声光报警，提示工作人员把空托盘移走。实际中为了在视觉系统中采用背光源方案，在平台设计中采用透明材质的托盘，如图 6-13 所示。

系统货品托盘排队策略，定位控制，视觉识别特征数据的抓取，流水线的移载，空托盘的存放控制都是本段系统控制的主攻方向。合理的调度及程序策略，可以高效地利用生产线完成任务。

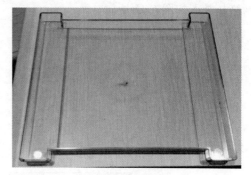

图 6-13　透明托盘

2. 物品盒流水线

物品盒流水线采用板链结构来完成成品物品盒的装箱及传送，一般为 5 工位流水线，装载 3 个物品盒（占用 3 个工位），如图 6-14 所示。

本系统中六自由度工业机器人负责把托盘流水线上托盘中的货品抓取到，根据规定的目标物品盒放入到相应的位置。机械手装载货品限定在 5 工位的中间工位，如需装载左、右物品盒，通过向左、右移位将边上的物品盒移到中间工位。

如图 6-14 所示，从左到右设为 1~5 工位，当前物品盒处于 2、3、4 工位，定义为物品盒 A、B、C，机械手装载 3 号工位的物品盒，即 B 物品盒。如果需要装载 A 物品盒，则流水线传送机构动作右移，当右面检测物品盒传感器接通时，流水线停止运行，此时机械手装载 A 物品盒。如果下一个要装载的是 C 物品盒，则流水线向左运行，碰到左面物品盒检测传感器时停止运行。系统中另设有零位检测传感器，以检测物品盒处于中间工位。为防止物

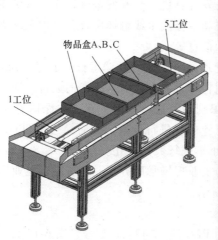

图 6-14　物品盒流水线效果图与实物图

品盒滑落，在左、右极限位置设有左、右限位开关，以防止控制失误致物品盒跌落。

物品盒流水线由步进电动机控制，实际控制策略可以采用脉冲定位控制的方式。

1.4.4 电气控制系统

柔性制造系统的电气控制系统设计开发基于 Windows 界面的数控软件，其目的是为用户提供良好的管理和操作体验。

本系统采用国际上先进的控制理念和最新的控制产品，采用网络化控制模式，设备电气网络拓扑图如图 6-15 所示。

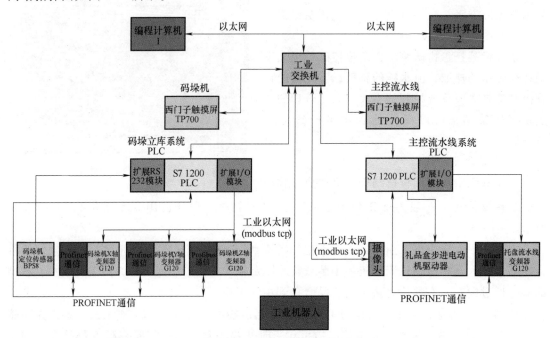

图 6-15　设备电气网络拓扑图

如图 6-15 所示，整个系统通过工业以太网总线，把工业机器人、主控流水线 PLC、码垛机立库系统 PLC、码垛机立库系统触摸屏、主控流水线触摸屏、视觉系统、变频器以及编程开发计算机等均通过以太网连接。编程开发计算机负责开发调试程序、视觉系统特征识别开发以及机器人示教等编程。码垛立库系统和主控流水线触摸屏负责管理码垛立库系统、主控流水线的运行参数，以及系统报警和提示信息等。

主控流水线的 S7 1200 主控制器负责管理整个系统的联动运行。通过 Profinet 总线控制托盘流水线的运动，通过高速脉冲输出控制物品盒流水线步进系统的运行，通过以太网总线 modbus TCP 协议和工业机器人系统和视觉识别系统进行数据交互，并保留有通过 RS232 串口通信扩展模块，可对条码位置传感器的位置信息进行读取。同时通过 Profinet 总线和码垛立库系统进行通信，通过无线网络和 AGV 小车进行数据交互。

上述的各种现场总线以及控制方式均为工业现场常用方式，具有贴近工业实际，有着很强的实用性特点。控制系统实物如图 6-16 所示。

1. 主控流水线 PLC 系统

主控流水线 PLC 系统采用 S7 1200 系列 PLC 的 S7-1215C 型号。图 6-17 为 PLC 的外形。

主控系统的技术指标参数：

图 6-16 控制系统实物

图 6-17 S7-1215C 外形

1）控制柜尺寸（长×宽×高）：805mm×555mm×1200mm；

2）供电要求：三相/380V/50Hz。

3）控制系统主要配置：

① 西门子可编程序控制器 CPU1215C 1 个。

② 扩展模块 1 个。

③ 西门子 TP700 精智面板触摸屏 1 个。

（1）通信模块 SIMATIC S7-1200 CPU 最多可以添加三个通信模块。RS485 和 RS232 通信模块为点到点的串行通信提供连接。对该通信的组态和编程采用了扩展指令或库功能、USS 驱动协议、Modbus RTU 主站和从站协议，它们都包含在 SIMATIC STEP 7Basic 工程组态系统中。

（2）集成 Profinet 接口 集成的 Profinet 接口用于编程、HMI 通信和 PLC 间的通信。此外，它还通过开放的以太网协议支持与第三方设备通信。该接口带一个具有自动交叉网线（Auto-Cross-Over）功能的 RJ45 连接器，提供 10/100。

Mbit/s 的数据传输速率，支持以下协议：TCP/IP native、ISO-on-TCP 和 S7 通信。最大的连接数为 15 个连接。

（3）高速输入 SIMATIC S7-1200 控制器带有多达 6 个高速计数器。其中 3 个输入为 100kHz，3 个输入为 30kHz，用于计数和测量。

（4）高速输出 SIMATIC S7-1200 控制器集成了两个 100kHz 的高速脉冲输出，用于步进电动机或伺服驱动器的速度和位置控制。这两个输出都可以输出脉宽调制信号来控制电动机速度、阀位置或加热元件的占空比。

（5）PID 控制 SIMATIC S7-1200 控制器中提供了多达 16 个带自动调节功能的 PID 控制回路，用于简单的闭环过程控制。

2. TP700 触摸屏

TP700 comfort 型触摸屏及主要技术指标如图 6-18 和图 6-19 所示。通过与 PLC 的通信，触摸屏显示生产流程的工作状态，AGV 小车流水线，托盘流水线，物品盒流水线工作在什么位置、工作在什么状态，显示位置数据等。根据工艺要求，TP700 comfort 型触摸屏可以用来设置相应的工艺参数，从而达到要求的控制效果，实现工艺流程的灵活控制。

图 6-18　TP700 comfort 型触摸屏

图 6-19　TP700 comfort 型触摸屏主要技术指标

　　TP700 comfort 型触摸屏用来显示系统运行中出现的报警状态，同时可以把报警信息记录在触摸屏中，方便用户查询故障时间、故障原因等；还可以记录生产信息，包括当前的数据信息、历史的数据信息，方便管理者查询。重要的数据信息和工艺参数对于客户非常重要，TP700 comfort 型触摸屏可以设置画面权限，分层次、分级别来管理，分别设置相应的管理权限。

　　由于客户生产的产品品种和类型很多，TP700 comfort 型触摸屏提供配方功能，各种型号的产品可以实现快速配方下载。

　　3. G120 系列变频器

　　在本系统中，码垛机和托盘流水线系统中的 4 个变频器使用的是西门子 G120 系列模块化的变频器，如图 6-20 所示，由三部分组成：变频器控制单元 6SL3244-0BB12-1FA0、变频器功率单元 6SL3224-0BE15-5UA0、变频器操作面板 6SL3255-0AA00-4CA1，它们分别安装在码垛立库系统控制柜和主控流水线控制柜中。

图 6-20　G120 变频器外形图

　　1）变频 1：控制码垛机控制系统 X 轴电动机左右移动。

　　2）变频 2：控制码垛机控制系统 Z 轴电动机上下移动。

　　3）变频 3：控制码垛机控制系统 Y 轴电动机前后移动。

　　4）变频 4：控制托盘流水线控制系统的电动机运转。

任务 2　柔性制造系统安装与调试

2.1　任务概述

　　使用 BNRT-RCPS-C10 柔性制造系统需要安装的软件有西门子 PLC 编程软件 Portal V13 和智能相机编程软件 X-Sight Studio 2.4.6。硬件设备的安装参考说明书按步骤进行。柔性制造系统安装完毕后需要进行系统测试运行和平行度的调节。

2.2　任务目标

　　1. 掌握柔性制造系统软件安装过程。

2. 掌握柔性制造系统硬件设备安装过程。

3. 掌握柔性制造系统测试运行的方法。

2.3 任务引入

柔性制造系统是一种技术复杂、高度自动化的系统，它将微电子学、计算机和系统工程等技术有机地结合起来，理想和圆满地解决了机械制造高自动化与高柔性化之间的矛盾。安装调试的目的是使柔性制造系统的组成设备和系统达到各项功能指标，形成规划设计时所要求的运行生产能力。

2.4 任务实施

2.4.1 软件安装

本设备需要使用的软件主要包括：

1）西门子 PLC 编程软件 Portal V13（包含 SIMATIC STEP 7 Professional V13 以及 SIMATIC WinCC Comfort Advanced V13）。

2）智能相机编程软件 X-Sight Studio 2.4.6。

开发计算机的要求见表 6-2。

表 6-2 开发计算机的要求

硬件要求	安装 STEP 7 Basic/Professional V13 的计算机必须至少满足以下需求： ①CPU 处理器：CoreTM i5-3320M 3.3 GHz 或者相当配置 ②内存：8G 或更大 ③硬盘：300 GB SSD ④图形分辨率：最小 1920×1080 ⑤显示器：15.6″宽屏显示（1920×1080） ⑥光驱：DL MULTISTANDARD DVD RW
操作系统要求	STEP 7 Professional / Basic V13 可以安装于以下操作系统中（Windows 7 操作系统,32 位或 64 位） ①MS Windows 7 Home Premium SP1(仅针对 STEP 7 Basic) ②MS Windows 7 Professional SP1 ③MS Windows 7 Enterprise SP1 ④MS Windows 7 Ultimate SP1 Microsoft Windows 8.1(仅针对 STEP 7 Basic) ①Microsoft Windows 8.1 Pro ②Microsoft Windows 8.1 Enterprise ③Microsoft Server 2012 R2 Standard ④MS Windows 2008 Server R2 Standard Edition SP2(仅针对 STEP 7 Professional)

注：Win7 安装时进入操作系统的用户请选择 Administrator 用户，安装时不能打开杀毒软件、防火墙软件、防木马软件、优化软件等，只要不是系统自带的软件都清退出。为能够阅读所提供的 PDF 文件，需要使用与 PDF 1.7 兼容的 PDF 阅读器，例如 Adobe（R）Reader V9。

2.4.2 柔性制造系统设备安装

设备所用场地尺寸为 4m×8m，图 6-21 和图 6-22 所示为设备之间的大致布局，现场安装时并不一定严格按照图中所标注尺寸安装，允许有所变动。具体安装过程如下：

1. 传感器的安装

安装并调试传感器（含线体传感器、AGV 对接传感器、安全护栏传感器）。

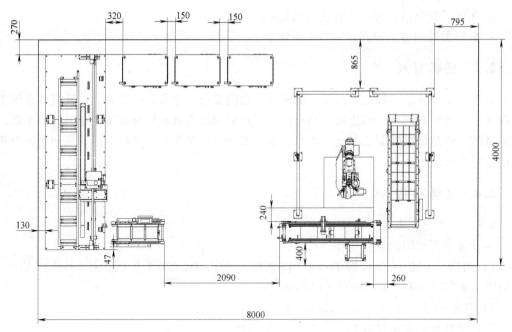

图 6-21　设备布局平面图样

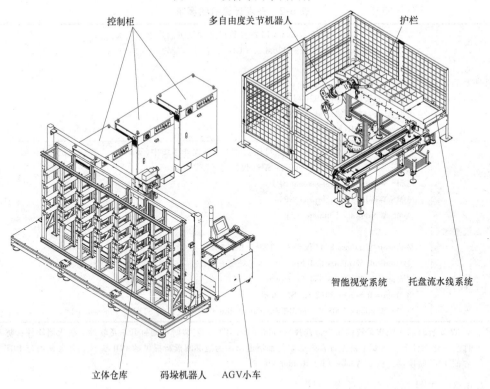

图 6-22　设备布局图三维模型

2. 工业机器人外部工装安装

1）吸盘与吸盘支架的安装。

2）气管接头与吸盘支架的安装。

3）吸盘支架与连接杆的安装。

4）连接杆与法兰的安装。

5）吸盘手爪法兰与机械手本体固连（连接法兰圆端面与机械手本体 J6 关节输出轴端面）。

6）气管与气管接头的连接。

3. 视觉系统的连接

连接电源控制器、相机及编程计算机。

4. AGV 小车上部输送线的安装与调试

1）主动轴的安装。

2）同步带传动机构的安装及调试。

3）从动轴的安装。

4）平带张紧度的调节。

5）托盘导向板的安装。

在安装时需要注意以下事项：

1）调节工业机器人安装底座的 4 个地脚，使工业机器人的安装底座水平，使用水平仪。

2）调节托盘流水线和物品盒摆放流水线水平，使用水平仪。

3）以工业机器人为基准，确保托盘流水线与工业机器人的 Y 轴方向平行，确保物品盒摆放流水线与工业机器人的 X 轴方向平行。

4）确保托盘流水线前端滑轮的切面低于 AGV 小车的平带面，如图 6-23 所示。

5）确保智能相机与托盘流水线垂直，如图 6-24 所示。

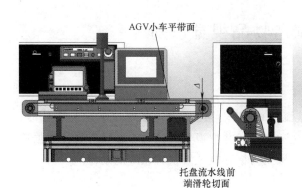

图 6-23 托盘流水线高度调节

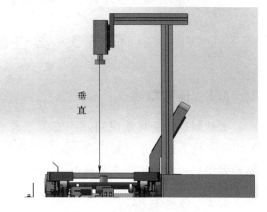

图 6-24 智能相机的安装

2.4.3 系统测试运行

1. 系统测试步骤

1）PLC 和机器人的通信。

2）相机和 PLC 通信以及物品的识别。

3）托盘流水线控制测试——变频器。

4）物品流水线控制测试——步进电动机。

5）HMI 人机界面测试。

2. 平行度的调节

如图 6-25 所示，在工业机器人末端夹具上安装了一支激光笔，具体调节步骤如下：

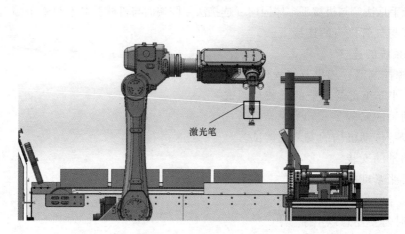

激光笔

图 6-25　平行度的调节

1）利用工业机器人的工具坐标系调整机器人的姿态，使得激光笔始终垂直于工业机器人的安装基面。

2）首先控制工业机器人运动到托盘流水线上方合适的高度，将激光笔发出的激光对准流水线架上的铝型材边线，利用机器人的工具坐标系，使机器人沿着基坐标系的 Y 方向运动（注意降低机器人的运动速度）。同时观察激光是否偏离铝型材边线，并做适当调整。

3）利用同样的方法调整物品摆放流水线，使机器人沿着坐标系的 X 方向运动。

任务 3　柔性制造物品视觉识别

3.1　任务概述

柔性制造物品视觉识别系统安装于托盘流水线中，当托盘货物移到视觉检测工位时，X-SIGHT 机器视觉系统对托盘内的货物进行视觉识别，并把识别的位置、形状等特征数据传送给到中央控制器和六关节机器人，由机器人根据目标存放位置执行相应的动作。

3.2　任务目标

1. 理解柔性制造物品视觉识别系统的原理。
2. 了解柔性制造物品视觉识别系统的组成。
3. 掌握智能相机与机器人连接的操作。

3.3　任务引入

本视觉识别系统由智能相机、光源控制器、光源，镜头等硬件组成。智能视觉系统整体如图 6-26 所示，视觉识别系统的智能相机和背光源实物如图 6-27 所示。相机如图 6-28 所示。其参数见表 6-3。

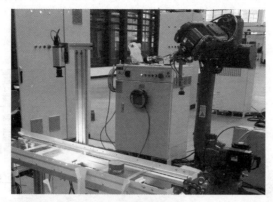

图 6-26 智能视觉系统整体图

图 6-27 视觉识别系统的智能相机和背光源实物图　　　　图 6-28 X-SIGHT 相机

表 6-3 智能相机参数

型　　号		SV4-30mL
相机采集部分参数	分辨率(像素)	640×480 约 30 万像素
	采样单元	1/3in CMOS
	像素尺寸/μm	6.0×6.0
	曝光方式	全局曝光
	最大帧率/fps	60
	快门时间/ms	0.1~200
通信	通信接口	RJ45/RS485
	通信协议	Modbus-485　Modbus-TCP
输入输出	端子出入数	2
	端子输出数	5
正常工作	工作温度/℃	0~50
	保存温度/℃	-10~60
	工作电压/V	24
机械参数	外形尺寸/mm	118×60×43
	质量/g	290
电气参数	最大功耗/W	5.3
	最大电流/mA	220
软件支持	灰度位数	8
	最大工具数	64

系统中镜头采用Computar的 H0514-MP2 （1/2″），如图 6-29 所示。尺寸如图 6-30 所示。参数见表 6-4。

图 6-29　Computar 镜头

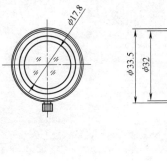

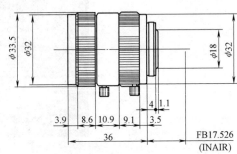

图 6-30　Computar 镜头尺寸

表 6-4　Computar 工业镜头参数

型号		H0514-MP2			
焦距		5mm			
最大对焦比		1：1.4			
最大图像格式		6.4mm×4.8mm(ϕ8mm)			
操作范围	光圈	F1.4~F16C			
	焦点	0.1~0.9m			
在 M.O.D 对象尺寸		15.0(H)cm×11.1(V)cm 1/2″			
视角	D	1/2″	76.7°	1/3″	51.9°
	H		65.5°		51.4°
	V		51.4°		39.5°
工作温度		−10~50℃			
失真		1/2″-0.48%		1/3″-2.26%	
后焦距		10.8mm			
安装		C-Mount			
滤波镜螺钉		M43 P=0.75mm			
尺寸		ϕ44.5mm×45.5mm			
重量		102g			

镜头特点如下：

1/2″寸靶面，C 接口，焦距 f = 5mm 手动光圈定焦高清工业镜头，监控镜头，光圈 F1.4~F16C，视角（水平）= 65.5°，适用于百万像素以上摄像机，实现低变形率（1.0%以下），采用固定金属螺钉，抗振动。

相机为智能化一体相机，通过内含的 CCD/CMOS 传感器采集高质量现场图像，内嵌数字图像处理（DSP）芯片，能脱离 PC 机对图像进行运算处理，PLC 在接收到相机的图像处理结果后，进行动作输出。

相机有两个接口，分别为 RJ45 网口与 DB15 串口，连接时用交叉网线连接相机与计算机，用 SW-IO 串口线连接相机与电源控制器，如图 6-31 所示。

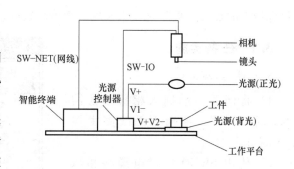

图 6-31　智能相机连接示意图

在本项目中，光源（SI-FL200）采用背光方式（光源在工件下面），托盘传到工件位且符合拍照条件时，给光源控制器输入端一个触发信号，此时相机拍照，拍照完成后，光源控制器给出一个输出信号，系统执行下一步操作。

照片包含每种形状物体的个数、每个物体的位置坐标以及角度，这些信息可以通过 X-Sight Studio 软件中的"窗口"→"Modbus 配置"，给它们配置相应的 Modbus 地址，以便 PLC 读取。

对不同形状物体的识别需要用到 X-Sight Studio 软件中的视觉工具，在本项目中，我们选用定位工具中的图案定位，将每种形状的物体分配一个图案定位，每个图案定位工具都自带有一个学习框。选中框中要识别的物体，然后单击"学习"选项，完成后相机就具有了识别框中物体的能力，因此，有多少种形状的物体，就要建立多少种图案定位工具。智能相机的设置如图 6-32 和图 6-33 所示。

图 6-32　智能相机设置（一）

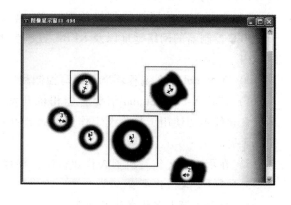

图 6-33　智能相机设置（二）

图案定位工具同时还具备了角度识别功能，识别范围为 -180°～180°。因为角度识别需要处理的数据量较大，因此要将相机改为受控模式。在受控模式下，图像的处理将由和相机连接的计算机处理，在很大程度上缩短了相机的扫描周期。同一种形状物体的最多个数，在

"目标搜索的最大个数"选项中设置。智能相机的设置如图6-34所示。

3.4 任务实施

3.4.1 硬件连接

1）将网线一端插入相机以太网RJ45端口，另一端插入无线路由器LAN端口。

2）使用SW-IO串口电缆将相机DB15串口与X-SIGHT电源控制器连接。

3）用网线将施耐德PLC控制器的Ethernet端口与无线路由器LAN端口连接。

4）将一根网线的一端插入KEBA控制器的Ethernet2端口，另一端插入无线路由器LAN端口。

5）用网线将个人计算机的RJ45端口与无线路由器连接。

6）各设备供电电源按要求提供。

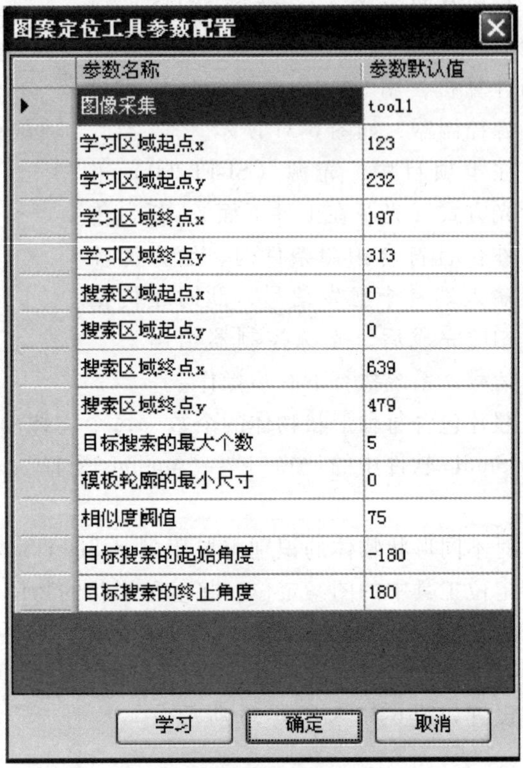

3.4.2 软件调试及安装

1）个人计算机上需安装的软件有：X-Sight Studio信捷智能相机开发软件和西门子的Portal V13。

参数名称	参数默认值
图像采集	tool1
学习区域起点x	123
学习区域起点y	232
学习区域终点x	197
学习区域终点y	313
搜索区域起点x	0
搜索区域起点y	0
搜索区域终点x	639
搜索区域终点y	479
目标搜索的最大个数	5
模板轮廓的最小尺寸	0
相似度阀值	75
目标搜索的起始角度	-180
目标搜索的终止角度	180

图案定位工具参数配置

学习　　确定　　取消

图6-34　智能相机设置图（三）

2）IP设定：信捷智能相机的默认IP地址为192.168.8.5，需将个人计算机的有线网卡、PLC控制器的网络地址以及KEBA控制器的Ethernet2端口地址均设置在192.168.8.＊网段内。

3）在Portal V13编程环境下编写控制程序，上传至西门子PLC控制器。

4）打开X-Sight Studio信捷智能相机开发软件，连接、配置相机，可实时查看监控现场，在软件界面使用工具箱设定作业方式，并输出监控，具体操作步骤及方法参考X-Sight使用手册。

5）在示教盒上编写机器人作业程序，编程方法参考由汇博机器人提供的编程手册。

3.4.3 实验操作步骤

1）打开电源对各设备进行供电。

2）在示教盒系统程序界面正常显示后，使用示教盒对机器人作业轨迹进行示教。

3）将被抓取物体放在相机正常成像范围内，在X-Ssight软件界面设定学习特征以及搜索范围。

4）在HMI上进行成像操作。

5）将被抓取物体放在机器人抓取工作范围内。

6）在HMI上启动抓取作业，机器人开始工作。

7）作业结束后，关闭系统前先将机器人的各关节置于零点。

课后练习

1. 理论题

1）什么是柔性制造系统？

2）柔性制造系统有哪些特点？

3）柔性制造系统总体布局有什么原则？

4）柔性制造系统产生的根本原因是什么？

5）应用柔性制造系统可获得哪些效益？

2. 操作题

1）进行设备安装。

2）总结本套柔性制造系统的优、缺点。

3）进行视觉识别的硬件连接。

4）进行视觉识别系统的软件调试和安装。

5）编写视觉识别程序。

3. 思考题

1）柔性制造系统对刀库有什么要求？

2）柔性制造系统的基本组成是什么？

3）柔性制造系统刀具监控方法有哪些？

4）自动化仓库的主要功能是什么？

5）自动化物料传送装置有哪些，各有什么特点？

参 考 文 献

[1] Advantech Co., Ltd.. AWS-8248V User's Manual. Chinese Taibei：Advantech Co., Ltd., 2002.

[2] Delta Tau Data System Inc. Turbo PMAC Software Reference Manual. Chatsworth, USA：Delta Tau Data System Inc，2003.

[3] Delta Tau Data System Inc. Turbo PMAC PCI Hardware Reference Manual. Chatsworth, USA：Delta Tau Data System Inc，2003.

[4] 牛志刚. PRS-XY 型混联机床开放式数控系统关键技术研究［D］. 北京. 北京理工大学出版社，2005.

[5] 陈顺平，梅德庆，陈子辰. 激光导引 ACV 的自动导引系统设计［J］. 工程设计学报，2003，10（5）：279-282.

[6] 陈顺千，梅德庆，陈子辰. 激光导引差速转向 AGV 的控制系统设计［J］. 机电工程，2003，20（5）：87-89.

[7] T. 互贤，汀滨琦. 用单片机实现步进电机变速控制的方法［J］. 应用科技，2003，30（1）：42-42，54.

[8] 李海波，何雪涛. 步进电机升降速的离散控制［J］. 北京化工大学学报，2003，30（1）：92-94.

[9] 蔡自兴. 机器人学［M］. 3 版. 北京：清华大学出版社，2015.

[10] 李金泉. 码垛机器人机械结构与控制系统设计［M］. 北京：北京理工大学出版社，2011.

[11] 李团结. 机器人技术［M］. 北京：电子工业出版社，2009.

[12] 孟庆鑫. 机器人技术基础［M］. 哈尔滨：哈尔滨工业大学出版社，2006.

[13] 陈恳. 机器人技术与应用［M］. 北京：清华大学出版社，2006.

[14] 蔡自兴. 多移动机器人协同原理与技术［M］. 北京：国防工业出版社，2011.

[15] 闻邦椿. 机械设计手册单行本：工业机器人与数控技术［M］. 北京：机械工业出版社，2015.

[16] 郑剑春. 机器人结构与程序设计［M］. 北京：清华大学出版社，2010.

[17] 刘金琨. 机器人控制系统的设计与 MATLAB 仿真［M］. 北京：清华大学出版社，2008.

[18] 尼库（美国）. 机器人学导论——分析、控制及应用［M］. 2 版. 北京：电子工业出版社，2013.

[19] 王永华. 现代电气控制及 PLC 应用技术［M］. 3 版. 北京：北京航空航天大学出版社，2013..

[20] 陈建明，电气控制与 PLC 应用［M］. 3 版. 北京：电子工业出版社，2014.

[21] 蒋新松. 机器人与工业自动化［M］. 石家庄：河北教育出版社，2003.

[22] 李云江. 机器人概论［M］. 北京：机械工业出版社，2011.

[23] 殷际英，何广平. 关节型机器人［M］. 北京：北京化学工业出版社，2003.

[24] 朱世强，王宣银. 机器人技术及其应用［M］. 杭州：浙江大学出版社，2006.

[25] 吴瑞祥．机器人技术及应用［M］. 北京：北京航空航天大学出版社，2004.

[26] 张红. SCARA 机器人小臂结构特性分析［D］. 天津：天津大学，2008.

[27] 董欣胜，张传思，李新，等. 装配机器人的现状与发展趋势［J］. 组合机床与自动化加工技术，2007，（8）.

[28] 程汀. SCARA 机器人的设计及运动、动力学的研究［D］. 合肥：合肥工业大学，2008.

[29] 毛燕，徐晓宇，高峰，等. SCARA 机器人的结构动态设计与改进［J］. 机器人技术，2007，34（7）：56-58.

[30] 王健强，程汀. SCARA 机器人结构设计及轨迹规划算法［J］. 合肥：合肥工业大学学报，2008，31（7）：1027-1028.